GEOGRAFIA DEL TURISMO

JOSÉ R. DÍAZ ALVAREZ
Catedrático
de Geografía Humana

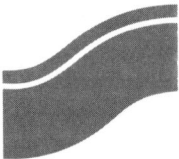

EDITORIAL
SINTESIS

Primera reimpresión: febrero de 1989
Segunda reimpresión: octubre de 1989
Tercera reimpresión: octubre de 1990

Diseño de cubierta: Juan Calonje

Este libro ha sido compuesto mediante una ayuda
concedida por el Ministerio de Cultura a la edición de
obras que componen el Patrimonio literario y científico
español.

© EDITORIAL SINTESIS, S. A.
   Vallehermoso, 32-4.º A Izq. 28015 Madrid
   Teléfono (91) 593 20 98

Depósito legal: M. 32.430-1990
ISBN: 84-7738-016-3

Fotocompuesto en Pérez-Díaz, S. A.
Impreso en Lavel, S. A.
Impreso en España - Printed in Spain

Centre for Modern
Languages
Plymouth Campus

GEOGRAFIA DEL TURISMO

Colección:
Geografía de España

Director:
Rafael Puyol Antolín

Indice

Prólogo

Cuando me encargaron el prólogo de la «Geografía del turismo» de José R. Díaz Alvarez me sentí doblemente honrado; por un lado al servir de introducción a una obra que por primera vez trata la realidad del suelo de España desde su perspectiva turística y, por otro, al integrarme en una colección de altísimo nivel científico y de más sobresaliente función social.

La obra del profesor Díaz Alvarez proporciona una rigurosa visión veraz de lo que el turismo ha sido y representa en una España denominada «primer destino turístico de Europa», y será considerada por su contenido y método una pieza fundamental para el conocimiento global del sector.

La Declaración de Manila (octubre 1980) establece que el «turismo se extiende como una actividad esencial de la vida de las naciones, por sus consecuencias directas para los sectores sociales, culturales, educativos y económicos de las sociedades nacionales y por sus relaciones internacionales en todo el mundo. Su auge está vinculado al desarrollo socioeconómico de las naciones y estriba en el acceso del hombre al descanso recreativo, a las vacaciones y a su libertad de viaje en el marco del tiempo libre y del ocio, cuya naturaleza, profundamente humana, subraya su existencia misma, y su desarrollo está íntegramente vinculado a un estado de paz duradera, al cual el turismo está llamado a contribuir».

Para hacer posible la veracidad de estas manifestaciones, España, al igual que otros muchos destinos turísticos, ha tenido que recorrer un largo camino, plagado de cierto confusionismo. Desde las normas, todavía vigentes, sobre Paradores y Albergues (O. 5-II-1940) hasta las recientes disposiciones autonómicas sobre clasificación hotelera o la esperada reglamentación de Agencias de Viajes, se han sucedido diversos sistemas de turismo.

En un primer momento, se puede hablar de un turismo artesanal, de una vocación individual por viajar y, en muy escasas ocasiones, de una necesidad. Acaso situaciones sociales o convencionales prediales o económicas, aconsejaban la aventura de un viaje. Este concepto del turismo ha sufrido tal transformación que parece prehistoria lo que acontecía tan sólo hace cincuenta años. El periodo de transformación del turismo artesanal hacia una industria de primera magnitud, como es hoy, se ha basado en diversos sectores, muchos de los cuales nada se relacionan con el turismo.

En una primera fase, las consecuencias de la segunda guerra mundial influyen en el entorno social con mayores ansias de libertad y con la necesidad de saborear una ficticia euforia económica. Ello se traduce en el deseo unánime de muchas colectividades de viajar y conocer nuevos países. Si a este deseo se agrega una cierta liquidez monetaria, la estabilidad ciudadana, la propensión al consumo y la obsesión de olvidar, se habrá encontrado un panorama-impulso propicio y voluntarioso.

Todo ello sería infructuoso si no coincidiera con el desarrollo de las comunicaciones y, sobre todo, de la aviación comercial. La red de ferrocarriles y las carreteras permitirían hacer posibles las distancias tradicionales, pero la aviación comercial abriría nuevas perspectivas y nuevas zonas para turismo y vacaciones. Las comunicaciones aéreas serían un objetivo prioritario para los Gobiernos, que en la casi totalidad de los países convirtieron en empresas públicas a las industrias del Transporte Aéreo.

Habría que incluir también el factor técnico que pusiera en movimiento la práctica turística, permitiendo canalizar y hacer viable ese deseo de libertad y conocimiento. Surgen de forma decidida las Agencias de Viajes, ofreciendo los *fort-fais* (transporte más alojamiento) y los circuitos (*tours* por diversos países), que durante tantos años han sido la fuente fundamental de un preturismo programado. El rol de las Agencias de Viajes ha sido desde entonces eficaz e indispensable para el sector.

Y como anexo integrante de todo un círculo turístico: el alojamiento, que del hotel modesto y familiar pasaba al gran establecimiento costumbrista, de lujo o de reposo. El movimiento de la industria hotelera, normalmente en base al prestigio de un gran nombre, es un fenómeno muy positivo que permite distinguir un sistema por un hotel y consolidar para los clientes la actuación de futuro. Junto a las grandes compañías hoteleras americanas e inglesas, crean una sólida red de establecimientos para todos los gustos y todas las disponibilidades.

El sistema de comunicaciones, desde el origen al punto de destino, la Agencia de Viajes y el alojamiento hotelero, fueron sin duda los tres elementos motores de una era del turismo y asimismo inductores de nuevos cambios.

Pocos años más tarde y con el equilibrio financiero, las economías familiares estaban en situación de invertir una parte de renta. Nace así un nuevo concepto de turismo.

La afluencia de la inversión individual en el sector turístico, y de forma más concreta en las promociones inmobiliarias con destino turístico, llegó a ser un signo de estabilidad política y una fiebre de clase media. Con estas inversiones se da comienzo al desarrollo de diversas zonas, favoreciendo un óptimo campo de cultivo para negocios colaterales, como veremos más adelante. Pero el fenómeno más importante de esta inversión es, a nivel turístico, el apego de una parte de la comunidad a una zona concreta. Al haber adquirido una parcela, o un apartamento, se ha elegido para muchos años el lugar familiar de descanso y de vacaciones.

En otro orden, se crea una tendencia inversora para todo tipo de empresa que «sitúa fondos» en el mundo turístico. Gracias a esta corriente surgen los grandes complejos, creándose la estructura hotelera básica. Así, junto a la «inversión familiar», se suma la «inversión industrial» y a ellas un tercer factor que ha sido básico en el desarrollo hotelero y que vamos a denominar «inversión institucional».

Esta inversión institucional puede materializarse en formas muy diversas, que abarcan desde la asunción directa de la promoción turística, hasta el montaje de un sistema de financiación privilegiada en el sector. Esta inversión ha dado frutos reales y concretos; así, por ejemplo, ha permitido en España establecer una red de calidad e imagen difícilmente asumible por la iniciativa privada.

No cabe duda que la exportación del Sol como primera fuente económica del país fue suficiente para crear una infraestructura, aunque fue producto de un triunfalismo agudizado, eje motor de una actividad creadora y profesionalizada.

De esta época es preciso destacar la creación de centros y zonas de interés turístico, por Ley 197/1963, de 28 de diciembre, y su Reglamento: Decreto 4.297/1964, de 23 de diciembre.

En el proceso de cambio y de masificación del turismo, sobresale la importancia de la publicidad y el «marketing». El poner de moda un determinado destino turístico y el conducir las voluntades de los posibles usuarios ha sido desde 1970 una labor decidida y eficaz de la publicidad y el «marketing» del sector.

La publicidad ha coadyuvado directamente al desarrollo turístico en una acción perfectamente sopesada, de suerte que un programa de vacaciones no puede ser hoy eficaz sin un adecuado diseño publicitario. Por ello quizá se hace más patente esa unidad triangular de Promoción Inmobiliaria-Publicidad-«Marketing»-Negocio Turístico, tan repartida y cuyos resultados pueden observarse a lo largo de toda la geografía española.

Cuando los resultados de la publicidad hicieron que miles y miles de personas se desplazaran periódicamente y que el turismo empezara a dejar de ser una actividad elitista, a la vez que la actividad comercial empezaba a ocupar un destacado puesto en las relaciones internacionales, fue preciso revisar los criterios que regían la aviación comercial. Los aviones de mayor capacidad permitían mejores y más cómodos resultados, y los establecimientos hoteleros tuvieron que acomodar su capacidad, su servicio y su comercialización.

Pero, sin duda, el verdadero y definitivo cambio se produce con la explotación de los tour-operadores. La mutación en la actividad de las Agencias de Viajes por compañías mayoristas, que contratan una cierta capacidad en los hoteles, un concreto sistema de transporte y aseguran una frecuentación periódica, supuso un verdadero revulsivo y la expansión más potente que el mercado haya tenido jamás. Y el turismo tuvo que cambiar en muy pocos años, y al convertirse en gran industria, se profesionalizó y perdió su aroma familiar, para integrarse en el mundo empresarial, con toda la carga técnica y método que conlleva.

La actividad de los tour-operadores ha de considerarse como una operación económica de gran complejidad; con el respaldo social de una reducción de costos que permite poner a disposición de cualquier nivel de renta los más sugestivos destinos turísticos. La comunidad internacional de los años setenta, que había alcanzado el mayor grado técnico de preparación profesional, se puso a disposición de los grandes tour-operadores, resultando afectado el sistema económico mundial, que tuvo que prever el movimiento de más de trescientos cincuenta millones de personas anuales. El tour-operador, coloso del sector turístico, controla hoy ocupaciones y precios hoteleros, compañías aéreas y de transporte, gustos y decisiones familiares, tendencias sociales de todo tipo, o negocios anexos, inversiones, seguros y un largo etcétera imposible de pormenorizar.

Se ha producido un doble suceso, cuyas fuentes son, como hemos visto, distintas y múltiples. Por un lado, surge una nueva forma de hacer turismo y, por otro, se masifica una actividad antes elitista. Los recintos de lujo son cada vez menores y de igual forma son cada vez más sofisticados.

El hotel clásico ha entrado en una crisis profunda, el establecimiento de «siempre» tiende a reconvertirse y a adaptarse al nuevo estilo del sector. Esta reconversión no tiene que hacerse necesariamente sobre su aspecto físico, (aunque en la práctica resulta ser el cambio más común), sino que se intenta adaptar la forma de gerenciar, de comercializar, de prestar servicios, etc. La avidez de las cadenas hoteleras, que, convertidas en supergerentes, asumen para sí la función empresarial hasta ese momento prácticamente vacante, se suma a este proceso.

Así, el lugar para pasar los largos periodos de descanso, o para conocer nuevos destinos, se transforma en centros de atracción con todas las comodidades y dotados del mayor confort, o en unidades-apartamentos casi familiares, o en un entorno en el que se pueden encontrar todas las necesidades y apetencias. No se puede ofrecer ya el simple alojamiento aislado, frío; hay que arroparlo con unos complementos variados, que determinen, en último término, la decisión del cliente.

La combinación de todos estos elementos crea una nueva actividad social que abarca desde la necesidad filosófica de las vacaciones hasta una labor económica de proporciones incalculables.

Pero el gusto, o la moda, que determinan el destino, convierte a ciertos lugares, que hasta ese momento habían pasado inadvertidos, en centros cosmopolitas y verdaderos paraísos para los visitantes. Una decisión masiva modifica la geografía y ecología de un destino, a la vez que genera un movimiento económico y jurídico tal, que todo es transformación acelerada, incrementándose, con frecuencia, el desorden y la especulación.

Y en este confusionismo, que inevitablemente se produce, al quedar desbordadas las normales condiciones de vida en determinados lugares que han perdido ya su anonimato para convertirse en un destino turístico, surgen una larga serie de improvisaciones, centradas en su mayoría en el concepto de alojamiento, que se materializan en construcciones inmobiliarias, que van desde hoteles hasta conjuntos de chalets, pasando por apartamentos de todo tipo.

A este hecho lo vamos a denominar «nacimiento de construccions exuberantes». Junto a los grandes frentes de cemento, que constituyen una muralla cara al mar, hay reductos artísticamente construidos, que se acoplan al paisaje, formando un armónico conjunto. Las áreas de descanso y vacaciones se van autodefiniendo y clasificándose, no sólo por la frecuentación a nivel estadístico, sino por el nivel económico que el entorno exige y, aún más, por el concepto ideológico y sociológico de quien escoge el destino.

La Administración española crearía instrumentos jurídicos, tanto por la promoción del turismo (creación de los Centros de Iniciativa Turística Decreto 2.481/1974, de 9 de agosto), como por evitar el deterioro geográfico y ecológico (Decreto de Ordenación de la Oferta Turística 2.482/1974 y Decreto de Declaración de Territorios de Preferente Uso Turístico, de 28 de marzo de 1977).

No cabe duda de que la geografía de destino ha cambiado. En la mayoría de los supuestos, existe un centro o un polo de atracción, que también en la mayoría de los casos lo constituye una edificación, a la que llamaremos inmueble-turístico (expresión más apropiada que inmueble-hotel). En él se encuentran reunidas las actividades más apetecidas y utilizadas por los clientes, y llegan a convertirse en verdaderos protagonistas que caracterizan zonas geográficas o actividades humanas, típicas de una época o de una generación.

Pero ante este turismo, quizá ya consolidado, habría que cuestionarse cuáles han sido los fenómenos que lo han hecho posible.

Los principios de libre empresa que regulan la economía occidental mantienen el beneficio como origen y fin de cualquier actividad. En base a ello, la creación de una zona turística, o de un centro turístico, tiene, ante todo, la finalidad de lucro del promotor, que se convierte en el ejercicio de su negocio, y es dibujante de lo que ha de ser en el futuro un centro receptivo. Ha sido norma generalizada que la inversión de los promotores inmobiliarios y las condiciones de una determinada ubicación hayan convertido lugares antes tradicionales o poblaciones casi vegetativas en zonas de desarrollo turístico, desbordando cualquier previsión lógica.

La figura del promotor es previa a cualquier otra, a la vez que detonante de una explosión comercial y económica, que tiene una honda expansiva mucho más allá del sector turístico, porque alrededor de cualquier zona (mal o bien denominada) turística, se extienden y desarrollan una interminable serie de negocios y actividades colaterales que, como satélites, aunque independientes, arropan el objetivo inicial. Se quiebra aquí el tradicional esquema económico, por el que en torno de un sector industrial surgen actividades de servicios; pues si estimamos el turismo como un claro ejemplo del sector de los servicios, vemos cómo sobre su eje surgen industriales de toda índole, que prácticamente viven de el.

Surge una vieja polémica sobre el tratamiento del turismo en su definición y clasificación de industria o de servicio, pudiendo alegarse razones a favor o en contra de cualquier decisión, pero nunca olvidando que, ante todo, es una actividad económica, más allá del ámbito nacional y que sintetiza una gran inversión inmovilizada con un rendimiento cíclico, cuya realización es en suma una de las operaciones económicas de mayor volumen en la economía moderna.

En el momento actual, el concepto de las vacaciones y del turismo en general surge como un coloso del transporte y del hospedaje de la geografía y la cultura. El «vive como quieras» se impone al trasnochado formalismo, y la juventud se incorpora, casi de golpe, sustentando la necesidad de esta transformación.

Con ello surge la exigencia de nuevas formas turísticas, que se adaptan a una demanda dinámica y multiforme, y al turismo afluyen dos conceptos que le van a condicionar las décadas siguientes:

— De una parte la inversión. La inversión, gota a gota individualizada, familiar, que hace posible sustituir la clásica promoción reduciendo costes e integrando gustos.

— De otra parte, el uso o el destino de esa inversión, pudiendo adoptar fórmulas, comercializables o no, rentables o no rentables, de espaciamiento, de vivienda, o un inagotable etcétera.

La nueva concepción del turismo social surge como una garantía básica para la adaptación de las nuevas tendencias, el desarrollo de los técnicas mo-

14

dernas de administración y comercalización, y la profesionalización definitiva del sector. La mayor exigencia cultural, social, geográfica y económica del turismo, hoy, ha de encontrar unas realidades concretas que dejan abiertas las opciones de un turismo del mañana.

Si estas páginas han servido para dar una idea de la evolución del turismo y como fase previa a un estudio de la Geografía turística española, habrán cubierto finalmente su función. Pero a partir de aquí comienza la labor llevada a cabo por José Ramón Díaz Alvarez en la que desmenuza los muchos aspectos geográficos influenciados por el turismo.

Se nos da en esta obra la unidad de exposición, análisis científico, metodología, estructuración y realidad de una prespectiva inédita en el estudio del turismo y, precisamente por ello, la hace meritoria, eficaz, e imprescindible para quienes dedican su tiempo y esfuerzo al turismo y para quienes quieran conocer el cómo y el porqué de las zonas turísticas españolas.

FERNANDO BAYÓN MARINÉ

1.

Introducción metodológica

El estudio de la fenomelogía del turismo puede efectuarse desde múltiples disciplinas concurrentes. Geógrafos, economistas y sociólogos suelen ser los principales protagonistas de los estudios turísticos, pero los enfoques metodológicos varían de unos a otros cultivadores. Por esta razón, al iniciar el estudio del turismo en España, desde una óptica prioritariamente geográfica, hemos considerado conveniente iniciar nuestro trabajo con una breve introducción metodológica; en ella, tratamos de explicar al lector la intencionalidad de nuestra aproximación al fenómeno. Por otra parte, pretendemos orientar a los alumnos de Geografía, a quienes en buena medida va dirigida esta obra, para que puedan iniciar la andadura de sus investigaciones espaciales desde la perspectiva de la influencia del hecho turístico, cuando así lo crean conveniente.

Dos son las perspectivas desde las que puede analizarse el turismo, *las de la oferta y la demanda turísticas,* y tres los parámetros de valoración, *la medida de los componentes, la localización espacial del fenómeno y los resultados o influencias del hecho.* Analizarlo desde la perspectiva de la oferta es tanto como desentrañar cuáles son los componentes que sirven para definir las excelencias turísticas de un espacio, una región o un país. Estudiarlo desde la perspectiva de la demanda es tanto como analizar la procedencia de los turistas, sus preferencias y sus inclinaciones. Las dos perspectivas son complementarias y no pueden entenderse sino en concurrencia, por lo que las visiones parciales sólo pueden servir como ejercicios didácticos, pero no para comprender el fenómeno. Los parámetros de valoración son métodos de aproximación al estudio, cualquiera que sea la óptica elegida para efectuar el análisis:

- *La medida de los componentes* es la aproximación efectuada desde la estadística y sirve para analizar la magnitud y la importancia del hecho turístico; su metodología debe ser cuantitativa.
- *La localización espacial* es la fórmula más geográfica de que disponemos para estudiar un hecho; con ella se trata de delimitar los espacios turísticos de los que no lo son, y de establecer comparaciones entre las dotaciones y comportamientos de unos espacios y otros, cualquiera que sea la perspectiva del estudio a efectuar. La localización espacial nos informa sobre los usos y utilidades que las sociedades obtienen de los territorios.
- *El análisis de los efectos* nos sirve como evaluador de la eficacia de la utilización turística de los espacios, cualquiera que sea la dimensión vital desde la que se contemple esa rentabilización de los usos, económica, social o política.

1.1. Concepto y contenidos del hecho turístico

La palabra *turista* tiene sus orígenes en Gran Bretaña, donde comienza a usarse hacia finales del siglo XVIII, aunque queda registrada por primera vez en 1800, según *The Shorter Oxford English Dictionary,* para designar a una persona que realiza un viaje de carácter recreativo, por motivos culturales o de placer. La actividad que realizan los turistas será denominada *turismo,* y su aparición como término identificable con esa función data de 1811 y tiene un origen igualmente británico. Hay autores (Fernández Fúster: 1971, 25) que ahondan en la historia y significado de los vocablos turista y turismo; nosotros detendremos nuestra curiosidad en este punto para centrarnos en su significación actual y, sobre todo, en la evolución de su importancia a lo largo de los siglos XIX y XX.

Durante el siglo XIX sólo son turistas los miembros de la aristocracia o algunos burgueses adinerados que hacen un pequeño alto en su febril actividad empresarial y deciden emular a las clases privilegiadas del Antiguo Régimen. El ferrocarril se convertirá en el gran cómplice del turismo de clase en esta primera etapa, y las guías turísticas, que aparecen por primera vez antes de mediados del siglo, se convierten en las primitivas instructoras de la actividad organizada o planificada. La creación, en 1851, de la agencia de viajes «Thomas Cook & Son», representará un nuevo hito; esta agencia introduce los viajes a precio fijado y global, en los que se incluyen transportes, hoteles y restaurantes, con lo que desaparece la componente aventurera que tenían los viajes de principios de siglo, estableciéndose las bases del turismo moderno. Aquellos privilegiados primeros turistas se sentirán atraídos por los balnearios y lujosos centros de salud, o por la Costa Azul francesa, que pronto destaca como lugar preferido de la aristocracia europea.

La modificación profunda del carácter elitista del turismo decimonónico no se alcanzará hasta las primeras décadas del siglo actual, cuando comienza la socialización del fenómeno, pero el despegue inicial sólo se produce después de que entren en vigor la legislación social de las vacaciones pagadas, acordadas como principio en una Convención (la núm. 52) de la Organización Internacional del Trabajo, en 1936. La bondad manifiesta de la práctica turística y el desarrollo de la conciencia social de las masas urbanas, van a convertir el turismo en un fenómeno de masas sin precedentes, sobre todo a partir de la Segunda Guerra Mundial, cuando las municipalidades, los comités de empresa, los sindicatos y una serie de asociaciones sin fines lucrativos decidan gestionar los servicios turísticos que apetecían a las masas obreras. El desarrollo de postguerra y el sustancial incremento del poder adquisitivo de la clase media trabajadora en los países desarrollados han permitido el actual volumen de la demanda turística en la década de los 80. Más de 340 millones de personas han disfrutado del ejercicio turístico fuera de las fronteras de su propio país durante 1986 (según datos de la Organización Mundial del Turismo) y un volumen estimado de unos 1.360 millones de personas ha realizado turismo dentro de sus fronteras durante el mismo año.

El análisis de los contenidos, sin embargo, resultará mucho más complejo que el de la conceptualización y evolución del fenómeno, ya que habrá que contemplarlos desde el juego económico de la oferta y la demanda de bienes y servicios, que resulta esencial en la práctica turística.

1.1.1. Las características de la demanda

En el inicio de cualquier estudio turístico debemos tener presente el tipo de individuo que demandará los posibles servicios y las apetencias fundamentales de esa demanda. Pero ese «tener presente» no puede quedarse en simple figura retórica o en mero acto volitivo, sino que, el estudioso o analista del tema debe tratar de enfocarlo e instrumentarlo para poder tipificar comportamientos e inferir las posibles evoluciones de la demanda. Las tipificaciones más objetivas son las que se hacen a partir de la cuantificación de las componentes que intervienen en un hecho, y, por ello, el intentar cuantificar las características de la demanda será una de nuestras primeras preocupaciones.

La primera componente de la demanda es la del volumen de la misma, lo que puede ser perfectamente cuantificable; la segunda componente sería la del origen de los demandantes, fácilmente cuantificable espacialmente, lo que se consigue a través de su localización geográfica. Las características subsidiarias de la demanda harán referencia al tipo de bienes o servicios que solicitan y a las tendencias espaciales de sus desplazamientos:

A) La cuantificación del volumen de la demanda resulta un ejercicio simple cuando existen estadísticas fiables de la misma, lo que no siempre ocurre. El volumen de personas que práctica el turismo internacional es fácilmente determinable, y todo aquel que realiza viajes fuera de las fronteras de su propio país, sin especificar la causa que originó tales desplazamientos, es considerado como un demandante de los servicios turísticos. Sin embargo, la cuantificación de los demandantes de los citados servicios a nivel nacional no resulta ni medianamente fiable. Ante esa situación, el estudioso del tema ha de desarrollar métodos de aproximación que le permitan establecer el volumen de la demanda, lo que será de vital importancia para adecuar las ofertas. Veremos, pues, cómo puede efectuarse la medida de la demanda turística a escala nacional y a nivel internacional.

El interés de los Estados por medir el turismo aparece antes de la Primera Guerra Mundial, cuando los economistas se dan cuenta de la importancia que el fenómeno tenía en la balanza de pagos de ciertos países (el caso de Suiza fue el más notable de aquellos primeros momentos). Para facilitar las comparaciones en el plano internacional, un comité de expertos en estadística de la Sociedad de Naciones recomendará, en 1937, la adopción de una tipificación de lo que se consideraba turista. La Unión Internacional de Organismos Oficiales de Turismo, que en 1975 se convertiría en la Organización Mundial del Turismo (OMT), modificaría paulatinamente aquel primer estereotipo de la figura del turista y, tras las reuniones de Dublín (1950) y de Londres (1957), junto a las recomendaciones de la Conferencia de las Naciones Unidas sobre el Turismo y los viajes internacionales de Roma (1963), pasaría a ser considerado como tal a *toda persona que viaje temporalmente realizando estancias de al menos 24 horas en otro país, cualquiera que sea el motivo de este viaje, excepto en el caso de que se efectúe para realizar algún tipo de trabajo en el país de llegada;* sólo el emigrante queda fuera de la consideración de turista, pero no así el hombre de negocios. Esta tipificación marca la pauta por la que los Estados podrán establecer las normativas estadísticas que permitan valorar el volumen del turismo internacional. En la actualidad (1987), 137 países poseen oficinas estadísticas que proporcionan información a la OMT, y ésta, a su vez, es la encargada de dar difusión y publicidad a esas estadísticas, a veces efectuando los ajustes y depuraciones que considera oportunos para homogeneizar las informaciones; por tanto, la valoración del turismo internacional le viene dada al estudioso del tema. No obstante, es conveniente el efectuar algunas puntualizaciones:

- Las estadísticas se efectúan en las fronteras de entrada del país receptor, aunque se suele tomar información de la procedencia del turista
- Ese control fronterizo no es igual de riguroso en todos los países; por lo general, en los países de la Europa Occidental, con un gran volumen de movimiento, no se lleva una estadística precisa del turismo individual y se suelen establecer estimaciones. En los países menos permisivos, las formalidades aduaneras suelen ser estrictas y el control exhaustivo, sobre todo cuando la llegada se hace a través de aeropuertos o puertos.
- Cuando el turismo se realiza de forma organizada, a través de agencias de viaje o «tour-operadores», el control estadístico no presenta ninguna deficiencia, y esa información puede utilizarse para extrapolar los datos de forma que se pueda calcular el volumen total de turistas salidos de un país; la metodología sería la siguiente: se efectúan encuestas por muestreo para evaluar el porcentaje de población que realiza sus viajes turísticos a través de agencias de viajes, y se calcula, por proporcionalidad, el total de la población que realiza sus viajes turísticos libremente.

La mediación exacta del turismo interno (de los nacionales dentro de las fronteras de su propio Estado) es mucho más difícil, sobre todo en los países que, como ocurre en España, no plantean restricciones para el movimiento libre de sus ciudadanos por el interior de su territorio. En estos casos, la evaluación ha de efectuarse mediante la *técnica del muestreo,* con la que ha de estar familiarizado cualquier estudioso de este tema.

B) El origen de los turistas viene determinado en las mismas estadísticas, cuando se trata de turismo internacional, y ha de investigarse en el mismo cuestionario planteado en la encuesta, si tratamos de analizar el turismo interno. Cuando analizamos turismo internacional realizado libremente y evaluado por encuesta, el origen lo determinará el propio espacio muestral; es decir, si en la tabulación de la encuesta hemos comprobado que el 60 por 100 de los andaluces que salen al extranjero no utilizan las agencias de viajes, y que igual ocurre con el 65 por 100 de los catalanes o con el 50 por 100 de los madrileños, hemos de colegir que, al volumen correspondiente a andaluces, catalanes y madrileños, en el total de los españoles que salen al extranjero según modalidades organizadas a través de agencias, hay que sumarle un 60/40 del respectivo valor en el caso de los andaluces, un 65/35 del correspondiente en el caso de los catalanes, y un 50/50 del de los madrileños en su caso específico.

Analizado el origen, o el lugar de procedencia, de los turistas, los resultados deben presentarse en mapas de procedencia, que nos permitirán establecer las líneas del flujo turístico.

C) Los bienes y servicios que se solicitan son todos aquellos que puedan satisfacer la necesidad humana de alcanzar el goce o el deleite de lo nuevo; por ello, la gama es enormemente amplia y abierta a cualquier nueva idea o innovación, con lo que sus posibilidades están muy lejos de agotarse en algún momento; siempre aparecerán nuevos servicios apetecibles para el consumo turístico. No obstante, habrá una ordenación de las preferencias o una categorización de la utilidad de los bienes y servicios turísticos, que será diferente para cada turista, pero que podrá valorarse para el conjunto de la demanda en un lugar determinado y un momento preciso. Como los servicios turísticos cumplirán mejor con su misión en la medida en que más hábilmente sintonicen con las apetencias de los turistas, se hace preciso el establecer las valoraciones adecuadas de la utilidad turística.

Determinados autores (Figuerola: 1985, 47) proponen el cálculo de *índices de utilidad turística* para distinguir, entre diversas alternativas, aquellas que son más rentables o más apetecibles, y cuya oferta hará más atractivo un determinado espacio o lugar. Nosotros proponemos la conversión de los índices de utilidad turística en *ecuaciones del nivel de satisfacción turística,* que serán diferentes y representativas de cada colectivo turístico y que variarán en el tiempo, pero que son tremendamente útiles para conseguir una más perfecta adecuación entre la oferta y la demanda o para calcular las tendencias y la planificación de los movimientos turísticos a corto plazo.

Una ecuación del nivel de satisfacción turística se compone de una serie de variables que representan bienes consumidos por los turistas. La determinación de esas variables se efectuaría a través de encuestas en las que se incluirían toda una gama de bienes y servicios para que fueran evaluados, dentro de una escala, por los potenciales consumidores de los mismos. Las medias de los valores otorgados a esas variables se convertirían en coeficientes de cada una de ellas en la ecuación correspondiente. Cada colectivo encuestado tendría así su ecuación representativa, que podría estar complementada con una *ecuación de demandas complementarias* construida por las variables representativas de otra serie de bienes o servicios propuestos libremente por los encuestados y cuyos coeficientes serían los de la frecuencia de su aparición en las encuestas. Cada año podría repetirse la encuesta para construir las ecuaciones correspondientes a ese año. La presentación analítica de las ecuaciones representativas podría ser la siguiente:

$$E_{s.t0} = a_{1,0}\, X_1 + a_{2,0}\, X_2 + ... + a_{n,0}\, X_{n,}$$

y

$$E_{d.t0} = b_{1,0}\, Y_1 + b_{2,0}\, Y_2 + ... + b_{n,0}\, Y_{m,}$$

en las que E_s y E_d serían, respectivamente, las ecuaciones del nivel de satisfacción turística y de las demandas complementarias de un colectivo determinado (por ejemplo, el turista sueco) en un año de referencia t_0 (año 1987); las $a_{1,0}$ y las $b_{1,0}$ serían los coeficientes de cada una de las variables determinados por el porcentaje de su frecuencia en la encuesta aplicada en el momento t_0; las X_i cada una de las variables presentadas para ser valoradas por los potenciales turistas encuestados; las Y_i, las variables novedosas apetecidas por los encuestados (bienes deseados que no habían sido propuestos).

El valor intrínseco de tales fórmulas de representatividad de la demanda turística alcanza su auténtica proyección cuando se evalúa en función de la presencia de esas variables en una oferta determinada, lo que servirá para atraer al turista-tipo del área considerada en la ecuación hacia un determinado espacio turístico.

D) Las tendencias espaciales de los desplazamientos explican las líneas y la intensidad del flujo turístico. El interés geográfico de su conocimiento estriba en la importancia de su incidencia en los transportes y en la perturbación recíproca entre las líneas de flujo turístico y las redes del transporte: una gran presión del flujo sobre una red determinará la sobrecarga de la misma en detrimento de su funcionalidad o utilidad, y, por el contrario, una mala red de transportes actuará como elemento disuasor de un potencial flujo.

Las líneas de flujo de los desplazamientos turísticos se establecen, de una forma poco elástica, entre las áreas que gozan de un alto nivel de vida y consumo, y aquellas otras que cuentan con un patrimonio turístico que incluye atractivos naturales, culturales, artísticos, históricos o tecnológicos. En un plano más particular el flujo sigue la línea que une un área de alto nivel de desarrollo con el espacio turístico complementario; la complementariedad se define por *la adecuación entre la oferta turística y la ecuación global* (suma de las ecuaciones de «satisfacción turística» y de las «demandas complementarias») *representativa del área de procedencia de los potenciales turistas.* De ahí la importancia del establecimiento de la cuantificación que propugnábamos en el apartado anterior.

Para conocer el atractivo que ejerce una determinada región turística en un singular colectivo de turistas, en comparación con la atracción ejercida por otras regiones, habría que medir la oferta turística, de cada una de las regiones a comparar, con los parámetros que definen la ecuación global representativa de aquellos turistas. Desde el punto de vista matemático el problema se resolvería multiplicando escalarmente el vector que define la ecuación global con aquel que representa el nivel de presencia de cada variable en la región o en el área cuyo potencial se trata de medir. Si ese nivel de presencia está representado por la ecuación

$$O_{p,xy} = p_1 a_1 + p_2 a_2 + \dots p_n a_n + p_{n+1} b_1 + \dots + p_{n+m} b_m,$$

en la que los p_n representan cada uno de los servicios ofrecidos de la variable «X» correspondiente al coeficiente a_n de *la ecuación del nivel de satisfacción* y de la variable «Y» con coeficientes b_n de *la ecuación de demandas complementarias,* en el lugar $p;$ entonces $O_{p,xy}$ tendrá un valor determinado para el colectivo de turistas al que nos referimos y, calculando todos los O_{pj} de los lugares j que queremos comparar, podremos establecer el nivel de preferencias de los turistas considerados.

Cuanto mayor sea el valor del O_p correspondiente, mayor será su atractivo y más importante la línea de flujo que une ambos espacios.

Se pueden precisar matizaciones sobre la característica de los flujos en razón de la línea de transporte prioritaria usada para los desplazamientos (automóvil, tren, barco o avión), con lo que las posibilidades metodológicas de este tratamiento son sumamente interesantes y variadas.

1.1.2. Los componentes de la oferta turística

La oferta turística abarca a toda clase de bienes y servicios ofrecidos para satisfacer las apetencias y demandas del turista. La oferta existe independientemente de que haya una demanda ligada a ella o no, aunque se desarrolla en función de la existencia de esa demanda. Uno de los ejercicios de la investigación de la oferta turística sería el de precisar y tipificar la existente en el lugar o región que se analiza.

Algunos autores proponen una primera separación, entre bienes y servicios turísticos; los primeros son aquellos que satisfacen necesidades materiales de los turistas, como la alimentación, el transporte o el vestido; los segundos satisfacen necesidades inmateriales, pero contribuyen ampliamente al disfrute o al recreo del turista. Nuestra proposición sería el centrarnos únicamente en los servicios, ya que la satisfacción material de necesidades va dirigida tanto al demandante turista como al residente habitual del lugar; sin embargo, los servicios se ofrecen casi exclusivamente en razón de la demanda turística. La oferta turística así considerada comprendería:

a) **Servicios previos al acto turístico:** serían aquellos que facilitan el acercamiento entre el consumidor y lo ofertado; se satisfacen en el país de origen del turista, y pueden diferenciarse en:

- *Servicios de información,* que ayudan a la difusión de los paisajes y características técnicas de los lugares ofertados para el ejercicio de la actividad turística. Desempeñan esa misión las Oficinas de Turismo de los países receptores, las Ferias Internacionales de Turismo, las campañas de marketing turístico difundidas en los medios de comunicación de masas (prensa, radio o TV), o las propias Agencias de Viajes.
- *Servicios de gestión,* que son los que gestionan y venden a los turistas parte del paquete de los servicios que serán posteriormente consumi-

dos, evitándoles dificultades e improvisaciones. Prestan estos servicios las Agencias de Viajes, pero también pueden servirlos determinadas asociaciones o clubes (de jóvenes, de ancianos, de montañeros, etc.), o incluso los comités de empresa o los sindicatos.

b) Servicios síncronos con el acto turístico: son los que se prestan y reciben en el mismo lugar y momento en el que se disfruta del hecho turístico y pueden tipificarse como *servicios de alojamiento, de alimentación y restauración, de transporte, recreativos y de esparcimiento, comerciales y de información.* De la calidad satisfactoria de estos servicios depende, en buena medida, el éxito y la proyección turística del lugar elegido. Cada uno de estos servicios ofrece varias modalidades de prestación que se corresponden con las variables que señalábamos en el momento de evaluar las tendencias de la demanda. Cuantas más posibilidades se oferten mayor será el atractivo de la zona considerada, y cuantas más prestaciones se realicen mayor será la potencialidad del lugar turístico.

c) Servicios complementarios: son los que prestan un auxilio o una seguridad personal al turista; entre ellos se podrían destacar los *servicios de protección y ayuda* concretados en cuerpos de policías especiales que orientan y vigilan al turista para evitar que sea explotado o engañado en el país receptor, o las *actuaciones especiales* que ofrecen cambios de moneda favorables en relación a las paridades oficiales, o que posibilitan la adquisición de bonos de gasolina a precios más reducidos con la finalidad de potenciar la imagen o el atractivo turístico del país en cuestión.

1.2. El espacio turístico

El espacio turístico es aquel en el que se desarrollan las actividades turísticas. Cualquier espacio geográfico es un potencial espacio turístico y tiene la capacidad de ofrecer ciertos bienes y servicios turísticos; sin embargo, no todos tienen la infraestructura necesaria, ni albergan al volumen suficiente de turistas como para poder ser considerados tales.

En el estudio de los espacios turísticos hay que contemplar ciertos aspectos que sirven para *delimitarlos y valorarlos* en su justa dimensión, para *clasificarlos* e, incluso, para *determinar las geoestrategias seguidas por la demanda* para preferir unos lugares en detrimento de otros.

1.2.1. ¿Cómo se delimita y evalúa?

La importancia económica del turismo es trascendental para muchas regiones o territorios subdesarrollados, pero para poder actuar sobre tales territorios se hace necesario el conocer el marco o la amplitud de los espacios que albergan los servicios turísticos y los «hinterland» de los citados servicios; delimitando unos y otros estaremos definiendo áreas turísticas, lo que resulta un buen método clasificatorio y un buen ejercicio metodológico.

En el ejercicio de delimitación geográfica de las potencialidades turísticas de los espacios hay que diferenciar entre:

- *Espacios con recursos geoturísticos* (climas, paisajes de gran belleza natural, playas, montañas, fenómenos geofísicos de especial interés —volcanes, géiseres, cataratas, grutas, etc.).
- *Espacios con infraestructura básica* (red de abastecimiento de aguas, red de transportes, facilidad de acceso desde las áreas emisoras de turistas, buena red comercial, etc.).
- *Espacios con infraestructura turística* (abundancia y calidad de alojamientos, servicios de restauración alimenticia, locales o establecimientos recreativos, buenas urbanizaciones, mano de obra cualificada en la prestación de servicios turísticos, etc.). Los espacios que poseen infraestructura turística son los únicos que pueden ser definidos como *espacios turísticos*.

La catalogación definitiva de un espacio como eminentemente turístico exige una dependencia vital de la sociedad que habita ese espacio con respecto a la práctica del turismo. La delimitación puede efectuarse mediante la cartografía de isolíneas que encierren espacios de la misma densidad de infraestructura turística y el análisis económico-profesional de su población laboral.

Por lo general, la infraestructura turística, suele levantarse sobre los espacios con recursos geoturísticos, por lo que el análisis de éstos sirve para precisar las posibilidades apriorísticas de una zona; pero serán la inversión económica y la iniciativa empresarial las que desarrollen, en última instancia, los recursos naturales de ese espacio geográfico.

La delimitación geográfica de un espacio turístico puede realizarse técnicamente a partir de la cuantificación de su infraestructura turística y de la cartografía de esa cuantificación:

A) La cuantificación de la infraestructura turística: es un recurso técnico que nos permite comparar espacios turísticos. Su metodología sería la siguiente:

1. Elaboración de una escala de los valores percibidos de cada una de las componentes de una infraestructura turística (hoteles, albergues, campings, apartamentos, restaurantes, bancos, discotecas, instalaciones deportivas, playas, transportes, centros culturales, etc.). La elaboración de esa escala ha de hacerse mediante la valoración entre los

consumidores de los servicios turísticos de todas y cada una de las variables de la infraestructura. Esa valoración podría realizarse mediante la aplicación de una encuesta en un espacio muestral del universo de los turistas, por la que se solicite que puntúen cada uno de los servicios incluidos en la escala. El valor medio alcanzado por cada variable en esa puntuación sería el *peso de la variable*. Cuanto más amplio sea el espacio muestral más fiables serán los resultados derivados de la tabulación de la encuesta.

2. Identificación de todos los recursos que forman parte de la infraestructura turística de un territorio, valorándolos según el peso de cada uno de ellos en la demanda turística y localizándolos espacialmente. De ese modo tendríamos un espacio cuantificado, de forma tal que, a cada núcleo, municipio, comarca o provincia, correspondería un *peso turístico*

B) El levantamiento de mapas de la densidad turística: pueden ser de isolíneas, por el valor didáctico de los mismos, y cuya construcción se efectúa mediante el trazado de líneas que delimitan espacios con igual peso turístico; su ejecución tiene la misma dificultad que la de cualquier mapa de isolíneas.

Como existe una graduación espacial en la distribución de los pesos turísticos, la delimitación de las áreas turísticas habrá de hacerse de forma arbitraria, a partir de un determinado valor, que puede ser el valor medio de la escala construida.

Con este sistema pueden también identificarse áreas de especialización turística (residenciales, recreativas, deportivas, de restauración, etc.), con tal de que nos centremos en la valoración de sólo una determinada familia de variables.

1.2.2. ¿Cómo se clasifican los espacios turísticos?

De acuerdo con la especialización de los sercicios turísticos, con la estacionalidad de su ocupación o con el tipo de turistas que utilizan los servicios pueden clasificarse los espacios turísticos. Así, se habla de núcleos de turismo deportivo (como Navacerrada, Sierra Nevada o Bañolas), de turismo estacional (como Torremolinos, Benidorm o Salou), de turismo familiar (como Matalascañas o Almería), de la tercera edad (como Alicante), de la «jet» (como Marbella), etc. Cada matiz sirve para establecer una tipología, y el conjunto de las tipologías que podamos definir sobre un territorio puede ser la pauta para clasificar los espacios turísticos de ese territorio.

Lo que ocurre es que cada núcleo turístico puede ser identificado por varias características concomitantes, se puede ser deportivo, estacional y de la «jet» (como ocurre con Gstad en Suiza), o estacional, juvenil y recreativo (tal es el caso de Ibiza); por eso, las clasificaciones se hacen siguiendo un solo criterio. Nosotros proponemos una diferenciación entre las clasificaciones de tipo funcional, las de tipo social, las de tipo espacial y las de tipo temporal.

- Una *clasificación funcional* es aquella que adopta como referencia las características prioritarias o más frecuentes del turismo que se practica en ese núcleo: recreación, reposo, deporte, playa, montaña, etc.
- Una *clasificación social* es la que establece diferencias en función del turista que ocupa las instalaciones del núcleo de referencia: familias, jóvenes, ancianos, clase media, clase alta, creyentes de alguna religión, etc.
- Una *clasificación espacial* es la que se establece en razón de la concentración espacial de la oferta turística: polinuclear, concentrado, de urbanización, urbano, rural, de playa, de lago, de río, de montaña, etc.
- Una *clasificación temporal* es la que se construye sobre la estacionalidad de la utilización de los servicios: de todo el año, de verano, de invierno, de ferias, etc.

Como es lógico, a cada una de esas clasificaciones corresponden una serie de clases que sirven para identificar, para comparar e, incluso, para poder establecer los núcleos que son concurrentes dentro del mercado turístico.

1.2.3. ¿Cómo funciona la geopolítica del turismo?

Existe una explicable tendencia de los flujos turísticos que va desde los países más desarrollados hacia los menos desarrollados y, aún más, desde las regiones septentrionales hacia las más meridionales. Ello se explica por el poder adquisitivo de los grupos con mayor nivel de vida en las regiones de más baja renta, y por la apetencia climatológica de los pueblos de clima frío hacia los climas más cálidos y soleados; la estética de las pieles bronceadas también interviene en la configuración de esa demanda. Esa puede servir como una primera explicación de la geopolítica de los movimientos turísticos; pero, no es la única, ya que, la proximidad geográfica y las corrientes tradicionales forman parte de la configuración de los modelos de comportamiento de la demanda.

Si nos decidimos por precisar los factores que intervienen en la configuración geográfica de los flujos turísticos podríamos centrar nuestra atención en:

- *El nivel de desarrollo de los pueblos,* existiendo una alta correlación entre las rentas de los países y su propensión a emitir turistas.
- *La insularidad de las regiones soleadas y cálidas,* que resulta especialmente atractiva a la demanda.

- *Las costas de mares mediterráneos,* que sirven de áreas de recreo y descanso para los habitantes de unos amplios hinterland continentales, por lo que actúan de factores de atracción turística.

Pero, junto a ellos, aparecen otros argumentos no menos decisorios en los que entran en juego las políticas de los países respectivos, que pueden actuar favoreciendo o restringiendo la práctica de determinadas clases de turismo. Un breve análisis de esas políticas nos permite precisar que:

- *Los países comunistas* favorecen la práctica del turismo interior mediante sus planes de planificación del ocio social y de asignación de residencias vacacionales a bajos precios; pero al mismo tiempo constriñen la práctica del turismo internacional, limitando la concesión de visados de salida a sus ciudadanos, o controlando, dirigiendo y tutelando en unos cauces muy estrechos a los visitantes foráneos.
- *Los países en vías de desarrollo* suelen legislar de forma muy permisiva en materia turística, para atraer al capital que le permita potenciar sus infraestructuras turísticas y, con ello, la llegada de divisas a través de los visitantes extranjeros; por el contrario, endurecen las normas que permiten sacar dinero fuera de sus fronteras con lo que limitan o cohartan la salida de sus propios ciudadanos.
- *Los países desarrollados* son permisivos en lo que respecta a la salida de sus ciudadanos y, de hecho, se convierten en los proveedores de turistas de las corrientes internacionales y practican, igualmente, una política de puertas abiertas para recibir turismo exterior.

Sobre esas tendencias de carácter general actúan diferentes tipos de modificadores de carácter coyuntural, entre los que pueden destacarse las guerras, las zonas de tensión y el terrorismo, que actúan como inhibidores; o las políticas monetarias, que priman el dinero cambiado por los turistas, y los grandes acontecimientos mundiales, que potencian la práctica del turismo.

Cualquier estudio turístico de carácter global ha de tener en cuenta las diversas influencias geopolíticas que pueden intervenir en el espacio que se analiza, pues, las mismas, son importantes factores para explicar comportamientos anómalos o de difícil comprensión en un contexto teórico.

1.3. La valoración del fenómeno turístico

Finalmente, como colofón a cualquier tipo de análisis turístico, debe efectuarse una valoración de la incidencia del fenómeno sobre la sociedad receptora, que es la que más ampliamente se ve afectada por la relación *espacio emisor-espacio receptor.* Probablemente, las motivaciones de mayor influencia, para que un país se decida a potenciar su capacidad de oferta turística, sean las de *tipo económico,* pero cualquier relación intersocial tiene, también, causas y *repercusiones políticas y sociales*que han de ser debidamente valoradas por las autoridades y responsables administrativos del país de referencia.

1.3.1. En sus derivaciones económicas

En las componentes que definen el cuadro macroeconómico de un país el turismo ocupa una posición que afecta a la balanza de operaciones corrientes, a la balanza de capitales y a la balanza de pagos, como más adelante señalaremos, pero existen otras muchas razones de tipo económico que preocupan a los Estados. Señala un prestigioso investigador francés sobre el tema, Lanquar, que:

> «Al lado del aporte de divisas, la preocupación de los Estados es el saber cual es el lugar ocupado por el turismo en el desarrollo económico y su contribución a este desarrollo, y, en particular, las razones por las cuales no son obtenidos resultados favorables en todos los casos en que se abre un país al turismo internacional» (Lanquar: 1986, 105-107).

En efecto, el turismo incide sobre la Balanza de las Operaciones Corrientes porque, durante su estancia en el país receptor, los turistas demandan productos que les son familiares o que no pueden ser satisfechos con la producción de ese país y se ve forzado a importar ese tipo de productos; el pago de tales importaciones debe ser incluido en el débito de su balanza de operaciones corrientes. En contrapartida, las ventas de los productos propios, que no iban a ser consumidos por el indígena, constituyen una forma de exportación que debe anotarse en el crédito de la misma balanza.

Por lo que respecta a la Balanza de capitales, las exigencias en equipamientos e infraestructuras del acondicionamiento de los espacios a los planes de desarrollo turístico, precisan de capitales que, con demasiada frecuencia no están disponibles en los países de la oferta; por ello, y porque el capital internacional no suele permanecer ocioso, se producen unos movimientos de capitales, que dan lugar a importantes endeudamientos de los países en vías de desarrollo, que acaban por desembocar en graves crisis sociales y políticas.

Otros importantes efectos económicos se derivan del libre ejercicio de la actividad turística, y entre ellos podríamos destacar:

a) Efectos sobre el empleo: ya que el sector servicios exige de un importante volumen de mano de obra, que no puede ser suplida por medios mecánicos, precisamente en aquella clase de empleos (no cualificados y semicualificados) que más directamente se ve atacada por el paro. Sus beneficiosos efectos sobre el empleo constituyen el principal argumento para la defensa de la hipoteca económica que, en un buen número de casos, supone la inversión turística. El único problema, a efectos de empleo, es que el turismo es una actividad de estación por lo que los gobiernos deberían buscar alternativas laborales, para esos trabajadores, durante la estación baja.

b) Incidencia en la inflación: se manifiesta más claramente durante la temporada turística; el efecto se produce como consecuencia de una mayor demanda de bienes de consumo junto a la presencia de políticas rígidas que no permiten una importación paralela de los bienes demandados; los desequilibrios entre lo producido y ofertado en el país de acogida sobre lo demandado adicionalmente como consecuencia del incremento en el consumo por causa del turismo, actúan de motor de los procesos inflacionarios. El seguimiento mensual del índice de los precios (los IPCs) son lo suficientemente indicativos para analizar esa influencia.

c) Presencia en los presupuestos públicos: que han de hacer frente a las demandas derivadas del hecho turístico; esas demandas se traducen en una sobreutilización de las infraestructuras existentes que pueden, en última instancia, llegar a asfixiar al propio desarrollo turístico. En otras ocasiones los gastos presupuestarios tienden a hacer frente a la propia demanda, o a potenciar la débil iniciativa privada en la oferta de instalaciones turísticas; o, finalmente, a direccionar las campañas de promoción y marketing turísticos.

d) Efectos sobre la renta nacional: ya que los gastos y las inversiones turísticas provinentes del extranjero suponen una afluencia de activos económicos que repercuten directamente en las economías personales de los trabajadores y empresarios nacionales del sector, con su correspondiente efecto multiplicador sobre un buen número de otras actividades económicas. En los países emisores de turistas, el efecto se produce en sentido contrario, ya que la salida de divisas se conforma como un coeficiente de huida del efecto multiplicador. Organismos internacionales tales como la OCDE y la OMT, convencidos de la ventajosa incidencia del turismo receptivo en el desarrollo económico de los países, recomiendan, a sus Estados miembros, potenciar su atractivo turístico para favorecer el progreso de sus pueblos.

1.3.2. En su dimensión político-social

Los países que se ven pacíficamente invadidos por grandes oleadas de turistas, pertenecientes a culturas y credos diferentes, sufren modificaciones e influencias en sus pautas de vida que pueden llegar a convertirse en permanentes. Se genera así una nueva cultura en la que se ha perdido parte sustancial de la cultura autóctona y se han homogeneizado los comportamientos.

Esa aproximación entre pueblos diferentes suele ser causa de la mejor comprensión entre las sociedades, lo que favorece el entendimiento político entre los Estados. A veces, regímenes políticos con mala imagen internacional (tal es el caso de las dictaduras de cualquier signo) han utilizado la afluencia turística hacia sus ciudades y costas para fines propagandísticos, en el interior, y para mejorar su posición, en el exterior.

Si las ventajas políticas parecen evidentes en un sentido, en múltiples ocasiones pueden resultar contraproducentes para la política practicada por un determinado gobierno, ya que, las influencias externas, pueden generar un cierto mimetismo popular en contradicción con la práctica habitual del país. Los efectos sociales pueden ser igualmente nefastos para la sociedad de acogida cuando se adoptan los hábitos de consumo de los visitantes (normalmente con un poder adquisitivo mucho más alto), sin que la capacidad económica, personal o familiar, posibilite la financiación de los mismos.

1.3.3. Por sus efectos medio-ambientales

En los ambientes ecologistas se suele acusar al turismo de ser la causa de una importante cuota en la culpa de la degradación de los medios naturales de países o regiones pertenecientes al mundo subdesarrollado. Esa acusación tiene, desgraciadamente, una importante base de sustentación en las actuaciones de los grandes inversores del sector y en la inhibición culpable de las Administraciones Públicas de muchos territorios turísticos. Por una parte, los inversores, persiguen rentabilizar los capitales arriesgados en el menor tiempo posible, utilizando los espacios naturales vírgenes, que resultan más atrayentes; por otra, las autoridades locales temen el tomar decisiones que frenen o alejen las iniciativas turísticas. Esas dos posturas acaban por conjugar inefablemente su negativa influencia en el medio ambiente.

La actuación incívica de algunos turistas, que no reparan en el mal que hacen ensuciando playas o bosques, depredando en reservas naturales, o practicando la acampada negligente que muchas veces desemboca en incendios salvajes, viene a sumarse a ese impacto negativo en el entorno ecológico.

No obstante, mediante la planificación turística controlada y la elaboración, y exigencia de cumplimiento, de leyes de protección medioambiental adecuadas, el turismo puede convertirse en un factor positivo del desarrollo natural de los espacios. La propia demanda turística organizada está exigiendo, cada vez con mayor frecuencia, esos ambientes naturales protegidos que sirven para distensionar las atormentadas mentes de los habitantes del asfalto y para el descanso placentero de los esforzados trabajadores urbanos.

La inversión en paisajes, favoreciendo la proliferación de espacios verdes, luchando contra la desertización de los suelos, o limpiando y protegiendo las playas, pueden ser ejemplos de las posibilidades benefactoras del turismo.

En adelante no podrán realizarse estudios, que persigan el marchamo de completos, si no han contemplado todos estos aspectos de la investigación que hemos recomendado. Las posibilidades de investigación en este campo son enormes, y la utilidad social y económica de los estudios monográficos sobre el tema están fuera de toda duda. Al mismo tiempo, la metodología de estudio está tan lejos de llegar a su agotamiento que un buen número de nuevos conceptos espaciales y ecológicos (como los de «estudios de impacto», los de «capacidad de carga», o los de «espacios de interacción dinámica») acaban de incorporarse a la investigación de temática turística.

2.

España en el contexto del turismo internacional

España es, desde luego, una de las grandes potencias del turismo internacional, pero se hace necesario el deshacer ciertos equívocos que ensombrecen la veracidad de las estadísticas. Contempladas desde el interior, las cifras que avalan la potencialidad del turismo español y la valoración que se hace de esas cifras, no resultan homologables con la visión que se posee en el exterior. La causa de esa contradicción radica en la parcialidad de las informaciones (sobre todo cuando se utilizan para comparar con otros países que no efectúan sus contabilidades según las mismas pautas), o en la sectorialidad de las mismas. Por eso hemos creído conveniente iniciar el estudio de esta Geografía del Turismo en España, analizando, con precisión, el valor real de las estadísticas que definen la posición y la importancia del turismo en nuestro país, en relación a los restantes países del mundo.

Este pretendido análisis no podría realizarse en sus justos términos si no fijamos, previamente, *la posición estratégica de España,* para efectuar, a continuación, *un análisis comparado de la oferta turística* en el que se establezcan comparaciones globales y parciales y en el que se den datos absolutos y relativos de los principales componentes de aquélla; *analizar el volumen y procedencia de los turistas* para precisar el atractivo real de España como país receptor, profundizando en los efectos previsibles de esa demanda en comparación con la eficiencia presumida en otras regiones para poder inferir la auténtica dependencia de los españoles en relación al turismo; y, finalmente, *situar las estadísticas en su justo* punto, serán los objetivos primordiales de este capítulo.

2.1. La posición estratégica de España en las latitudes mediterráneas del continente europeo

Las posibilidades turísticas de un territorio guardan una estrecha dependencia con la proximidad del mismo a las áreas demandantes y consumidoras de servicios turísticos, a la accesibilidad de ese territorio y a la amplitud de los espacios susceptibles de ser usados para una acogida profesional del turista.

Desde el punto de vista geoestratégico, España ocupa una posición de privilegio en el contexto mundial:

- *Se encuentra dentro de las latitudes templado-cálidas* (entre los 27° 38' N, como extremo meridional de las Islas Canarias, y los 43° 47' N, como extremo septentrional de la Península), reputadas como zona geográfica de excelente clima, a caballo entre los climas fríos, húmedos y brumosos de las latitudes templado-húmedas y subpolares, o los cálidos, áridos o húmedos, de las zonas tropicales y ecuatoriales.
- *En la periferia de un mar templado mediterráneo* (el Mar Mediterráneo), con las ventajas que de ello se derivan. Los mares mediterráneos suelen actuar como catalizadores de los asentamientos humanos y poseen un fuerte atractivo sobre los habitantes de los territorios del interior que circundan sus costas. Más del 60 por 100 del turismo mundial, durante 1985, eligió a países ribereños de mares mediterráneos (Golfo de México, Cuenca del Mediterráneo, mar Caspio y Mar del Japón) como destinatarios de sus preferencias turísticas.
- *Posee archipiélagos estratégicamente situados* (en el Mediterráneo occidental y en las costas atlánticas de Africa), que sirven de respuesta adecuada a la demanda turística manifiestamente atraída por los territorios insulares.

Y todavía existen otros muchos factores que complementan el especial atractivo de España en el contexto de la oferta turística internacional.

2.1.1. La proximidad geográfica a los pueblos consumidores

Europa es el territorio de origen del 72 por 100 de los turistas que se mueven por el mundo. Casi 242 millones, de los 333 millones de turistas internacionales que se contabilizaron durante 1985, procedían de Europa. La distancia máxima desde la frontera española a cualquiera de los centros de población donde habitaban esos turistas no llegaba a los 2.000 km. En menos de 2 horas y media, cualquiera de esos turistas, podría volar, desde el aeropuerto más próximo a su residencia, a un aeropuerto español.

Si estrechamos más aún el cerco del área de origen de los turistas del mundo, constriñéndonos al marco de los países europeos pertenecientes a las economías de libremercado, todavía estaríamos abarcando el territorio del 65 por 100 de las personas que realizan alguna forma de turismo internacional.

El centro de gravedad del origen del turismo europeo (al menos en teoría) se sitúa en un punto próximo a la frontera franco-alemana-luxemburguesa, es decir, a unos 800 km, por autopista, de la frontera española.

Según esa distribución del origen de la demanda turística mundial, España estaría en una posición de privilegio por su situación geográfica, en el destino de muchos de los flujos que se dirigen desde las regiones septentrionales hacia las áreas meridionales mediterráneas, aunque su posición no es tan óptima como lo pueda ser la de Francia. No obstante, la cercanía a los centros de demanda, junto a otros factores de tipo climático y económico, han hecho de España una de las grandes plataformas del turismo en este último tercio del siglo.

2.1.2. La accesibilidad de su territorio

Si la posición de España puede considerarse bastante favorable, desde el punto de vista geoestratégico, con respecto a sus posibilidades turísticas; sin embargo, no lo es tanto en razón de la accesibilidad de su territorio para los turistas europeos. Su posición periférica, con respecto al continente (la península más meridional y occidental de Europa) y su deficiente red de transportes en conexión con las grandes arterias del tráfico europeo, actúan de factores restrictivos para la llegada de los turistas. El relieve geográfico se comporta, asimismo, como un disuasor para la atracción turística; los Pirineos, en el istmo de la península, y la disposición periférica de los sistemas montañosos peninsulares con respecto a la meseta interior, han sido una importante causa del subdesarrollo de la red viaria. Los ferrocarriles españoles, en difícil conexión con la red europea, por la barrera de los Pirineos y por el diferente ancho de su red, no responden a la frecuencia y velocidad con las que están familiarizados los europeos. Todo ello conforma un panorama que sitúa a nuestro país entre los de más *difícil accesibilidad, por tierra,* del continente europeo, lo que es francamente negativo si tenemos en cuenta que tres cuartas partes de los turistas europeos utilizan la carretera como medio de transporte en sus viajes turísticos y que un décimo más se sirve del ferrocarril para los mismos fines.

Afortunadamente la accesibilidad por mar o por aire no se ve sometida a ese tipo de restricciones y, nuestros aeropuertos, sobre todo, pueden considerarse al nivel de los de los países desarrollados de Europa. Por ello, el turista que nos visita utiliza, con demasiada frecuencia, medios de transporte que son comúnmente utilizados para acceder a las regiones periféricas de la geografía del turismo mundial: el 31,3 por 100 de los recibidos durante 1984 llegaron por aire (tantos como a Turquía en el mismo año), mientras que a Italia sólo llegaron utilizando el avión el 9,9 por 100 de sus visitantes (OCDE: 1986, 190).

La insularidad de dos de nuestras más importantes regiones turísticas (las Baleares y las Canarias), contribuye también a la preponderancia del transporte aéreo, y en cierto modo a la importante presencia del marítimo, entre las modalidades de acceso utilizadas por el turismo para consumir el producto en nuestro territorio.

Dentro del mundo mediterráneo, Francia es, de largo, el país más accesible para los europeos, y sus ventajas obtiene de ello (ese y no otro ha sido el factor determinante en la elección de París como sede del parque-Disney europeo), Italia le sigue en accesibilidad, a pesar de la barrera de los Alpes favorecida por la excelente red de transportes terrestres en conexión con la trama Centroeuropea; finalmente, España ocuparía el tercer puesto en tan privilegiada lista, muy por delante de Grecia y de los países Norteafricanos.

2.1.3. La amplitud de su espacio turístico

El turismo demanda amplios espacios y variedad de paisajes. España es, dentro de Europa (y más concretamente de la Europa Mediterránea), el país que se encuentra en las mejores condiciones para ofrecer una amplia gama de atracciones naturales. Sus condiciones geográficas (superficie, variedad climática, longitud de costas, número de lagos artificiales, pluralidad geomorfológica de paisajes, etc.) le sitúan, globalmente, incluso en mejor condición que a la propia Francia (por tantos otros factores la gran favorecida de Europa), y la calidad y la cantidad de los espacios inexplotados le ofrecen todavía un futuro más esperanzador.

A pesar de esa potencialidad, los recursos utilizados pueden considerarse, por el momento, como insuficientes. Sólo parte de las regiones costeras, Madrid y alrededores, o Córdoba, Granada y Sevilla (en menor medida estas tres ciudades) son espacios turísticos dotados de la infraestructura necesaria para su uso regular. Mientras tanto, quedan costas abandonadas, o con total falta de acondicionamiento, de cara a su racional explotación turística; el turismo de deportes invernales está escasamente desarrollado; las modalidades de oferta cultural e histórica apenas están promocionadas; el turismo de montaña carece de infraestructura; el de balnearios termales apenas existe; y, el de uso y disfrute de espacios naturales brilla por su ausencia.

A escala europea, España cuenta con las playas más soleadas de Europa (las de Almería, Cádiz y Huelva) y apenas son conocidas fuera de nuestras fronteras. Los desiertos de arena de los extremos oriental y occidental de Andalucía, que han servido de escenario a tantas películas durante los 60 y los 70, que resultarían unos importantes y atrayentes espacios turísticos, carecen del más mínimo servicio para poderlos incluir en un programa razonable. La literaria región manchega, universalmente famosa a través de la pluma genial de Cervantes, no se encuentra en ninguna oferta que trate de despertar la imaginación y el romanticismo de nuestros visitantes foráneos. En fin, los catorce lugares de gran interés, cultural o natural, incluidos en la Guía del Patrimonio Mundial elaborada por la Unesco, no cuentan con la promoción suficiente en las guías y en los itinerarios turísticos.

De todo ello se desprende una imagen propia de un territorio con inmensas posibilidades, en el que sólo se utilizan una parte de las mismas y, en ciertos lugares, a unos niveles próximos a la saturación. Esa sobreexplotación de los recursos locales va en detrimento de los propios espacios turísticos, que pierden calidad de oferta e imagen promocional. Sin embargo, la amplitud de más de 5.900 km de costa, bañadas por el Mediterráneo y por el Atlántico, la posición de puente entre Europa y los continentes americano y africano, la originalidad paisajística de sus espacios naturales, el rico patrimonio cultural e histórico y la decidida voluntad turística de su pueblo, colocan a España en una envidiable posición dentro de los pueblos europeos.

2.2. Análisis comparado de la oferta turística española

En el inicio del despegue de su desarrollo, el modelo económico español apostó por el turismo como la gran baza que le ayudaría a financiar su incipiente industria y a equilibrar el déficit tradicional de su balanza comercial. El motor de las inversiones públicas en el sector, y las facilidades de todo tipo que se ofrecieron para la edificación de un moderno y amplio equipamiento turístico, fueron el argumento para la aparición de una extensa y bien cuidada oferta turística. El prestigio alcanzado por España en el sector le llevó a ser elegida como sede permanente de la Organización Mundial del Turismo (OMT) que trata de coordinar las políticas turísticas de todos los países del mundo y de publicar las estadísticas oficiales de los principales agregados que conforman la oferta y la demanda turísticas.

Con este análisis comparado de la oferta queremos fijar la auténtica potencialidad técnica de España en el sector, en comparación a otros espacios geográficos, políticos o administrativos, analizando la rentabilidad de sus instalaciones y la densidad espacial de esa oferta.

2.2.1. En relación con otros espacios o áreas regionales del turismo mundial

De acuerdo con la capacidad de su oferta, España estaría en el grupo de cabeza entre todos los países del mundo. La más de un millón de plazas de alojamiento en hoteles y asimilados, que constituían la oferta española de 1985, sólo eran superadas por los Estados Unidos, Francia e Italia y alcanzadas por la República Federal Alemana; el resto de los países quedaba muy atrás. Ese es un alto valor, que supera ampliamente toda la capacidad hotelera del continente africano, triplicándola, que duplica a la capacidad de la Europa Oriental y que iguala a la del Asia Oriental y las islas del Pacífico conjuntamente.

Si consideramos la capacidad de los medios de alojamiento complementarios (en los que se incluyen apartamentos turísticos, casas particulares censadas, casas de labranza, etc.), las más de 9 millones de plazas ofertadas en España, triplican a la oferta italiana, aunque se ven ampliamente rebasadas por las más de 14 millones censadas en Francia.

Sin lugar a dudas, y desde el punto de vista de la oferta turística, tanto por la cantidad como por la calidad de sus instalaciones, España ocuparía un lugar de privilegio en el contexto de la oferta turística mundial, superando la capacidad de áreas regionales turísticas de reputado nombre, como son las del Caribe, del Pacífico, o del continente Suramericano. Una visión de conjunto más amplia es la que podemos ofrecer en el Cuadro 2.1.

CUADRO 2.1
Valor relativo de la oferta (Año 1985)

Región turística considerada	Plazas hoteleras	% de plazas de calidad (5 y 4*)	Otras plazas turísticas
Mundo	19.392.333	11,8	34.919.000[0]
Europa	9.571.718	12,1	34.313.000[2]
Europa Oriental	585.883	13,9	2.370.000
Europa Occidental	3.743.670	12,6	2.855.000[2]
Europa Mediterránea	5.242.165	11,4	29.088.000
Africa	377.335	26,1	64.500
Asia y Oceanía	1.730.233	10,6	457.000
América	7.713.047	12,9	84.500[1]
España	**1.013.464**	**13,6**	**9.192.000**
% sobre el Mundo	5,22	115,2	26,32
% sobre Europa	10,58	112,4	26,79
% sobre Europa Mediterránea	19,34	119,3	31,60

(0) No se incluyen USA, Canadá y Gran Bretaña.
(1) Sin incluir USA y Canadá.
(2) Sin incluir Gran Bretaña.

FUENTE: OMT y elaboración del autor.

Con la vigésima parte de la capacidad hotelera del mundo (cuando por su superficie sólo representa un 3,7 por mil de la superficie de las tierras emergidas y, por su población, un 8 por mil de la Humanidad), representa una oferta relativa extremadamente sobredimensionada. Y, el análisis de las demás componentes de la oferta turística muestra una proporción parecida, aunque los estudios son más difíciles de efectuar en relación a esas otras variables, ya que, las estadísticas de restaurantes, cafeterías, discotecas, etc., no se llevan con la misma homogeneidad con que se perfilan las de los alojamientos, y por ello, la OMT, hace abstracción de ellas.

2.2.2. Por el índice de uso de las instalaciones

La salud de cualquier tipo de equipamiento del que se deriven efectos económicos se comprueba a partir de su rentabilidad en términos monetarios, o mediante el índice de uso de las instalaciones que componen tal equipamiento. Cuanto mayor sea la demanda que se haga de unas instalaciones, mayor será la rentabilidad de las mismas y, por tanto, más grande será su atractivo para los inversores que verán, en esa actividad, una forma eficaz de mantener activo su dinero. En definitiva, la posición relativa de la oferta turística española, analizada cualitativamente, será tanto mejor cuanto mayor sea, comparativamente, el nivel de utilización de su equipamiento.

Las instalaciones hoteleras españolas alcanza unos niveles medios de ocupación anual que están próximos al 60 por 100, mientras que Francia o Italia (las dos potencias turísticas europeas con una oferta superior a la española) apenas llegan al 50 por 100, y al 40 por 100, respectivamente. Son ademas visitantes extranjeros los que mayoritariamente ocupan las plazas hoteleras en España (el 65 por 100 de las pernoctaciones durante 1985), al contrario de lo que ocurre en Italia (sólo el 33 por 100 de las noches ocupadas) y sobre todo en Francia (únicamente un 27 por 100). Sin embargo, esa mayor rentabilidad de la oferta española se apoya en su estacionalidad, pues un buen número de establecimientos abren únicamente durante la temporada turística (de Semana Santa a septiembre) y, a efectos estadísticos, los establecimientos cerrados no son tenidos en cuenta para establecer el índice de ocupación. En Francia o en Italia la estacionalidad es menor, debido a una fuerte demanda interna de los servicios hoteleros y hosteleros, en razón del volumen general de la actividad empresarial (muy superior a la española), lo que favorece la práctica de los desplazamientos y del albergue fuera del lugar habitual de residencia; o bien por la existencia de ciertos hábitos culturales que favorecen los desplazamientos de fin de semana o de pequeñas vacaciones (Semanas de la Nieve, o de Carnaval, etc.), con lo que el nivel de actividad total, durante el año, es muy superior al volumen de negocios del sector en España: el total de pernoctaciones, en hoteles o en establecimientos asimilados, en España, durante 1985, sólo representó un 70 por 100 del volumen contabilizado en Italia, pero alcanzó el 183 por 100 del total de las registradas en Francia.

Si consideramos la infraestructura general de la oferta, podemos decir, con tranquilidad, que la rentabilidad de la oferta turística española es, por el momento, superior a la de sus principales competidores del mundo europeo. Comparativamente, la inferioridad en la rentabilización de las infraestructuras de alojamiento españolas radica en su estacionalidad, que podría ser subsanada con un mayor uso de la oferta por el turismo nacional. Este análisis nos muestra una situación realmente halagüeña, en consonancia con los triunfalismos de la propaganda política española; aunque, no se podría decir lo mismo del nivel de uso de los establecimientos computados como de «alojamientos complementarios», si bien su efecto apenas tiene significación sobre la industria turística estrictamente profesional, ya que, la mayor parte de las plazas así contabilizadas en España pertenecen a apartamentos y segundas residencias adquiridas en propiedad por particulares extranjeros, o por empresas inmobiliarias que no pueden ser consideradas, en sentido estricto, como turísticamente profesionales.

2.2.3. Por el impacto espacial y social de la oferta

La influencia, o los efectos, de un determinado volumen de equipamiento se dejarán sentir con una intensidad diferente en cada sociedad, en función del impacto que esa oferta imprima en aquella sociedad. Cuanta más densidad de oferta exista en el espacio, mayor será el impacto sobre el territorio considerado; cuanto mayor sea la relación entre el volumen de la oferta y la población que habita el área de comparación, mayor será el impacto social de la oferta.

Es obvio que cuanto menor sea un territorio, o el volumen de población de una sociedad, mayor será la influencia ejercida en ellos por un mismo volumen de equipamiento turístico; por eso las comparaciones deben hacerse entre valores homologables, ya sea por la superficie del territorio de referencia, por el número de personas que se ven afectadas por el fenómeno del turismo, o bien, por la amplitud de las ofertas a comparar. Bajo ese prisma no deberán establecerse comparaciones entre microestados como la Ciudad del Vaticano, Mónaco, Liechtenstein o Andorra, con los grandes Estados europeos como Francia, España, Italia o el Reino Unido, porque es evidente que el impacto del turismo en aquéllos resultaría incomparablemente mayor que en éstos; pero, sí que pueden, y deben, efectuarse entre entidades homólogas, porque nos informan de la importancia relativa del turismo, como hecho de amplio impacto e influencia social, en los pueblos que se encuentran en el punto de mira de la llegada de los flujos turísticos.

A escala nacional, la oferta turística española (contabilizando plazas hoteleras, albergues, campings, apartamentos, villas, etc.) ejerce un impacto sobre el territorio que es superior al soportado por países como Italia, la República Federal Alemana, o incluso el Reino Unido, pero resulta inferior al de Francia, por la cantidad de oferta complementaria que posee este país. No obstante, la oferta turística española queda muy concentrada en determinados lugares de la costa mediterránea (Costa Brava, Costa Blanca y Costa del Sol) o en las islas (Mallorca, Ibiza, Tenerife y Gran Canaria), por lo que el efecto visual del impacto, en estos espacios geográficos, resulta demasiado evidente. En contrapartida, en las regiones mesetarias y en las montañas del interior y de la periferia, apenas se deja sentir la impronta del turismo.

El impacto social se hará más patente allí donde mayor sea la proporción entre la oferta turística y el número de personas que habitan en el espacio de referencia. En este aspecto, la importancia del turismo en la sociedad española resulta incuestionable, como podemos observar en el Cuadro 2.2.

CUADRO 2.2

Indices comparativos del impacto turístico (1985)

Región turística considerada	Impacto espacial (Europa = 100)		Impacto social (Europa = 100)	
	Por capacidad hotelera	Por capacidad complementaria	Por capacidad hotelera	Por capacidad complementaria
Francia	314	761	219	525
Italia	560	327	208	120
RFA	450	59	131	19
Reino Unido	469	—	149	—
España	**210**	**536**	**191**	**481**

FUENTE: OMT y elaboración del autor.

La magnitud del territorio español a nivel europeo en relación al resto de los países, con la excepción de Francia, hacen que el impacto de la oferta no se deje sentir con tanta fuerza; sin embargo el efecto de esa oferta sobre la población es bastante mayor, debido a la menor densidad y volumen de la población española en relación a los territorios de referencia.

Resulta obligado el dar una explicación de una aparente anomalía: si bien existe la generalizada creencia (y esto no sólo en España, sino que también se hace presente en el resto de Europa) de que el nuestro es un importante país turístico, en unas cotas muy superiores a las de la RFA y Reino

Unido, sin embargo, los índices del cuadro quedan muy lejos de esa idea, sobre todo si se analiza la oferta hotelera; la paradoja tiene su explicación en que la función de albergue de los hoteles, en los países desarrollados, no se circunscribe únicamente al ámbito turístico, sino que, la movilidad de las personas que se desenvuelven en el mundo de los negocios y la frecuencia en los viajes, de todo tipo, realizados por los habitantes del propio país, actúan de importantes consumidores de la oferta. El uso de la oferta en tales circunstancias no puede ser catalogado, en sentido estricto, como turístico. Por eso, cuando se analiza la oferta complementaria, que vive por y para el turismo, el panorama resulta harto diferente.

En cualquier caso, la situación geográfica de Francia, auténtico nudo central de las vías del transporte europeo, su nivel de desarrollo y la importancia del turismo social en aquel país, son el motivo de la envidiable posición francesa en el ranking de las más importantes ofertas turísticas del mundo, tanto en valores absolutos como en términos relativos. De esa privilegiada posición se derivan ventajas adicionales de cara al futuro, entre las que podemos destacar la «inexplicable», para muchos españoles, decisión de la multinacional Disney que elige una región como la de los alrededores de París para sede de la ciudad recreativa de la firma en Europa, en detrimento de otras cualificadas regiones del Mediterráneo español. La alta demanda turística interna, la privilegiada posición de paso para el turista centro y norte-europeo que se dirija hacia las áreas mediterráneas, y el prestigio de su oferta turística, han pesado lo suyo en aquella decisión.

2.3. Aspectos más significativos de la demanda

Si la oferta turística española alcanza un alto peso específico en el conjunto de la oferta mundial, quizás sea la importancia de la presencia del turismo internacional en nuestro país el aval más significativo de nuestro prestigio internacional.

Los 27.477.000 visitantes catalogados como turistas, según la definición de la OMT, que llegaron a España durante 1985, representaron, en aquel año, el 8,25 por 100 del volumen total de turistas contabilizados en el mundo. Ningún otro país del mundo había sido visitado por un número tan alto de turistas, durante el mismo periodo de tiempo. No hay que olvidar que *turista es sólo aquel visitante que pernocta por menos de un año en el país que visita, siendo el motivo principal de su visita las actividades recreativas, las profesionales (negocios, misiones, reuniones), los estudios, las peregrinaciones, o la salud* (OMT: 1986, 2, 245); el resto de los visitantes, que sólo pasan menos de 24 horas en el país visitado, tienen la categoría de Excursionistas Internacionales. Los medios de difusión de masas españoles difundieron la noticia de que el número de turistas recibidos en España, con referencia a 1985, fueron 43.235.000, valor que se refería, obviamente, al número de visitantes, computando los más de 15.758.000 excursionistas. Ese triunfalismo desvirtuaba la veracidad de la apostilla que catalogaba a España como «el país más solicitado» por los visitantes, aunque sólo algo más de 25 millones podían ser considerados como turistas internacionales.

Para mejor conocer las posibilidades futuras de la evolución de la demanda en España y para poder planificar la política turística en función de esas previsiones, resultaría sumamente positivo el conocer la procedencia del turista que nos visita y los efectos económicos y sociopolíticos del turismo en España, en comparación al resto de los países competidores en los mercados mundiales.

2.3.1. Volumen y procedencia de los turistas

Los turistas llegados a España, y en general al mundo mediterráneo, suelen proceder, en una proporción muy alta, de los países de la Europa Occidental y Septentrional, cuyos habitantes gozan de un alto nivel de vida y padecen un frío y brumoso clima del que tratan de evadirse periódicamente. No debemos olvidar que más del 44 por 100 de los gastos que se efectúan en el mundo por motivos turísticos, proceden de turistas salidos de estas regiones geo-económicas. El 37,3 por 100 de los turistas llegados a España en 1985, procedían de esta gran zona emisora, y el 25,4 por 100 más eran franceses, del resto de los países de la Europa Meridional un 20,4 por 100, con lo que el total de turistas europeos (no socialistas) recibidos en nuestro país fue del 83,1 por 100. Los visitantes americanos llegaron a representar el 4 por 100.

Otros países europeos tenían esta distribución de orígenes en sus visitantes: (Cuadro 2.3.).

CUADRO 2.3

País	Europa W y N	Europa S	América
Francia	71,3%	10,7%	10,5%
Italia	56,0%	18,6%	4,9%
RFA	46,5%	12,5%	24,9%
Reino Unido	35,3%	18,5%	27,4%

FUENTE: OMT y elaboración del autor.

Que muestran una más favorable distribución de la demanda que la que observábamos en el caso español, por lo que, aparentemente, la fragilidad de nuestra industria turística es superior a la de nuestros más directos competidores. Esa afirmación podemos hacerla en base a las siguientes consideraciones:

1. Los países de la Europa capitalista no meridional gozan de una saneada economía y de una muy buena distribución de la renta, por lo que continuarán siendo un importante origen de corrientes turísticas. Todos los países de referencia (excepto el Reino Unido) gozan de una más alta participación del turismo nórdico y occidental.

2. El turismo procedente de América posee un alto poder adquisitvo, ya que los gastos de transporte son demasiado elevados para que puedan hacer turismo hacia Europa las familias con economías débiles; consecuentemente, la existencia de una importante demanda turística de origen americano, resulta sinónima de una cierta calidad de consumo y de una más alta rentabilidad por visitante. En contrapartida, el turismo americano se ha mostrado muy vulnerable a la inestabilidad del dólar, y a los avatares de la política internacional, como lo demostró la caída en la presencia de turistas americanos en los países europeos, durante 1986, debido a la crisis libio-americana y a la subsiguiente amenaza terrorista sobre los ciudadanos estadounidenses. El Reino Unido y la República Federal Alemana, mantienen una muy fuerte dependencia del turismo americano, por lo que sus altibajos se reflejan elocuentemente en sus balanzas turísticas.

3. La industria turística española depende, en una gran medida, de la demanda de los países de la Europa Meridional (en una proporción que dobla con amplitud a la dependencia de Italia o Gran Bretaña y que cuadruplica a las de Francia o RFA), lo que, en buena medida sirve para explicar alguna de las razones fundamentales por las que nos visitan los extranjeros. El que cerca de la mitad del turismo entrado en España proceda de la Europa Meridional echa por tierra el argumento de que se nos visita fundamentalmente por nuestro sol, ya que franceses, italianos y portugueses disfrutan de tanto sol de verano como el que pueden encontrar en nuestro país; antes bien, parece que un factor muy a tener en cuenta en la amplitud de la demanda hacia nuestras tierras radica en la buena relación relativa entre la calidad del servicio que se ofrece y el precio del mismo.

A pesar de todo, y centrándonos en los valores absolutos, España es el país del mundo mediterráneo que recibe más turistas de la Europa Septentrional, que representan un mercado muy estable y de gran capacidad adquisitiva, aunque con posibilidades reducidas debido a la escasa población de aquellos pueblos. Recibe casi tantos turistas ingleses como Francia (más de 5 millones) y 4 veces más que Italia o Alemania. Llegan a sus fronteras más turistas franceses que a ningún otro país competidor, y, aunque el francés es un turismo de bajo poder adquisitivo, sin embargo, es bastante fiel y representa un importante volumen (más de 11 millones de turistas). Finalmente, los casi 6 millones de alemanes censados como turistas durante 1986, representan una apreciable salvaguarda por su alta capacidad adquisitiva y por la estabilidad del mercado, que se deriva de su saneada economía y de sus perspectivas de futuro.

2.3.2. Efectos comparativos de la demanda

La demanda turística ejerce un reconocido beneficio sobre las economías de los países visitados; pero, sus efectos difieren de unos lugares a otros en razón de la dependencia económica con respecto al turismo y del volumen general de negocios del territorio en cuestión. Las sociedades, en las que el turismo representa una parte muy significativa en la ocupación de sus ciudadanos o en su economía global, son muy sensibles a los altibajos de la demanda; aquéllas, en las que el turismo no pasa de ser una parte ínfima en el volumen de sus negocios, pueden sentirse al margen de los avatares de las preferencias de los turistas.

Pero, no sólo en la economía tiene el turismo unos efectos diferentes sobre cada tipología del modelo social, sino que esa influencia se deja sentir, de igual forma, sobre el contexto socio-político y sobre el espacio medioambiental.

A) En su dimensión económica: España es, de entre todos sus competidores más directos, el país que padece una mayor dependencia del turismo. Mientras que en la RFA, los ingresos contabilizados como contraprestación de los servicios turísticos no llegan al 1 por 100 de su PNB, en el Reino Unido quedan por debajo del 1,3 por 100, en Francia del 1,4 por 100 y en Italia sólo alcanzan el 2,4 por 100, en España representan el 5 por 100. Los valores son todavía más significativos si nos referimos al turismo como exportación invisible, pues mientras que en España los ingresos turísticos de 1986 representaron más de la quinta parte del valor de las exportaciones, en Italia sólo alcanzaron al décimo de las mismas y en Francia representaron únicamente un 8 por 100 de ellas.

Claro que aún existen en Europa países con una dependencia más manifiesta del fenómeno turístico; Austria percibe en concepto de ingresos turísticos un tercio del total de sus exportaciones, y el sector contribuye a su PNB en más del 7 por 100 del mismo; o Portugal que, sin encontrarse entre los países turísticos del continente europeo, tiene una dependencia económica del turismo equivalente, en términos relativos, a la padecida por España.

Como además la economía española es más frágil que la del resto de los grandes países del continente, y la renta media de sus habitantes es más baja, los gastos de los españoles como consecuencia de la práctica del turismo en el extranjero son inferiores a los del resto de sus competidores. El español medio gastó 26 $ per capita por la práctica del turismo (o excursionismo) fuera de sus fronteras, que quedan muy lejos de los 243 gastados por cada alemán, o incluso de los 40 gastados por los más modestos italianos, o de los 81 de promedio gastados por un pueblo tan turístico como el francés.

B) En su influencia socio-política: El impacto aculturador del turismo se deja sentir en la sociedad receptora en forma de modas, o pautas de comportamiento, que son el resultado de una amalgama de influencias que provienen de la propia tradición y de la imitación de los hábitos observados en los turistas. Cuanto mayor sea la proporción de extraños en el marco de una convivencia social, mayor será la influencia derivada de las culturas importadas; e, igualmente, cuanto mayor sea el prestigio social, o el nivel económico de un determinado grupo, en el marco de una sociedad, más influyente resultará su presencia.

España es visitada por un gran número de turistas, unos 27 millones y medio de «turistas-OMT» durante 1985 (72 turistas por cada 100 españoles residentes), que proceden de países más ricos y prestigiados, a nivel internacional, y que representan a unas formas de vida hacia las que tiende la sociedad española. Su influencia se deja sentir con gran fuerza.

El impacto social del turismo en España no dejará de ser superior que el que pueda dejarse sentir en Italia (25 turistas-OMT por cada 100 italianos), país en el que las distancias económicas y culturales medias con respecto al turista son inferiores a las que pueden observarse en España. Todavía resultará bastante inferior en Gran Bretaña, Francia y Alemania.

En el otro extremo de la balanza, en el turista, quedará también una marca emocional que se traducirá en una serie de estereotipos con los que identificará al pueblo, o pueblos, visitados. Esa marca se identificará con una corriente de simpatías-antipatías-indiferencias hacia los naturales del pueblo visitado, y ellas, en definitiva, acabarán por influir en las relaciones institucionales de los pueblos. De ahí la importancia que el turismo puede alcanzar en las relaciones políticas.

En la política exterior española ha de jugar su papel la presencia de seis millones y medio de turistas ingleses durante 1986, o de los más de 11 millones de franceses. Un endurecimiento en la postura reivindicativa de España sobre Gibraltar puede acabar por afrentar al pueblo inglés y ello podría tener sus efectos en la balanza turística y en la estabilidad de miles de puestos de trabajo. Estas sutilezas son muy tenidas en cuenta por la diplomacia internacional; la tarea de los diplomáticos se ve facilitada por la existencia de lazos de comprensión, que suelen aparecer siempre que hay una agradable relación entre nativos y visitantes. El turismo se convierte así en un factor del entendimiento entre los pueblos, con influencias decisivas en las relaciones internacionales; en reciprocidad, las corrientes de la política internacional, acaban por influir en la dirección de los flujos del turismo externo de los países; no es otra la explicación de los 3 millones de americanos que visitan anualmente la RFA (el 25 por 100 del total de turistas entrados en el país).

C) Como agente modificador del entorno medioambiental: Todo país que haya experimentado un fuerte desarrollo turístico en un período de tiempo relativamente corto, ha sentido ese impacto en su entorno medioambiental. Sobre todo, cuando la actividad turística se halla muy concentrada en un espacio relativamente reducido, como ocurre en los archipiélagos canario y balear, la especulación del suelo y la permisividad administrativa, han dado lugar a la comisón de abusos que han perjudicado, a veces irreversiblemente, al entorno natural.

España experimentó el «boom» del turismo a partir de la década de los 60, cuando el desarrollismo europeo no hacía presentir, todavía, el afloramiento de la conciencia ecologista de sus pueblos; en ese momento importaban más las divisas y el reconocimiento político internacional que la preservación del patrimonio natural de los pueblos del Estado. Los grandes bloques de apartamentos o de hoteles junto a las playas, la urbanización incontrolada de pequeñas poblaciones marineras (como Benidorm o Torremolinos), la colonización de los espacios vegetados junto a las costas (como en la Costa Brava) y la sobreexplotación de los acuíferos subterráneos de las regiones subtropicales de Andalucía, fueron las principales consecuencias de la «turistificación» de España.

Aberraciones ecologistas de este tipo se han cometido por todo el Mediterráneo europeo. Ni Italia, ni la propia Francia escaparon a la desvastación salvaje de la colonización turística, aunque, quizás los impactos más fuertes se sintieron en España, por tratarse de un país bastante menos desarrollado y por la ausencia de una democracia política, responsable ante sus electores de su permisividad administrativa.

2.4. El justo valor de los datos estadísticos

La homologación de las estadísticas turísticas nacionales con las del resto de los países del mundo resulta un ejercicio de difícil concreción. Incluso, la mayor parte de los países desarrollados, sólo realizan encuestas sobre el número de sus visitantes, aunque sí llevan un control más riguroso de las pernoctaciones turísticas en los establecimientos de las redes hoteleras que operan en su territorio. Nadie, que haya atravesado la frontera de los Estados pertenecientes al territorio de las Comunidades Europeas, habrá observado rigor alguno en la contabilización de las entradas y procedencias de los visitantes; sin embargo, las estadísticas se llevan, aunque basándose en informaciones muestrales. Por ello, las comparaciones podrán hacerse, únicamente, mediante la utilización de los mismos criterios contables y de la misma metodología de diferenciación; la OMT ha sentado las bases de las posibles homologaciones.

Bajo esas premisas, España es, por el momento (1986 y 1987):

1. El primer país del mundo por el número de turistas recibidos, aunque es sobrepasada por Italia, Francia y Alemania en el número de entradas registradas por sus fronteras; la posición periférica de España contribuye a su carestía en excursionistas que atraviesen sus fronteras por menos de 24 horas.

2. No es, sin embargo, el primer país de Europa, ni por el volumen global de su oferta, ni por el peso espacial y social de la misma, siendo sobrepasada, en ambos casos, por Francia que se ve favorecida por su privilegiada posición geográfica y por una larga tradición turística.

3. La calidad socioeconómica del turista que nos visita es inferior a la de los visitantes de nuestros principales competidores en el ámbito europeo. Mientras que, en 1985, los gastos medios del extranjero llegado a Gran Bretaña fueron de 482 $ y 465 en cada uno de los visitantes de la RFA, los llegados a España sólo gastaron una media de 188 $.

4. Los impactos socioculturales y económicos del hecho turístico pueden considerarse muy superiores en España que en el resto de nuestros más directos oponentes. La fragilidad que se deriva de esa dependencia debe ser suplida con el esfuerzo por potenciar y diversificar el origen y calidad de nuestra demanda, lo que podrá alcanzarse con la planificación adecuada de la política turística, aumentando la calidad de la oferta e impulsando la apertura de nuevos mercados.

5. La concentración de nuestra oferta turística en torno a unos pocos núcleos, sólo comparable a la que puede observarse en el triángulo italiano de Venecia-Florencia-Roma, en París y en Londres, es la causa del gran impacto medioambiental que puede observarse en España. Visualmente, los paisajes naturales españoles aparecen más deteriorados que los de nuestros más cercanos competidores, por causa de las construcciones y por las instalaciones complementarias de la infraestructura turística.

3.

La oferta y la demanda turísticas en España

El turismo ha pasado a ser una de las actividades económicas más importantes y productivas de nuestro país. La dinámica del crecimiento de la práctica del turismo en el mundo y la actual coyuntura internacional prevén, todavía, una evolución positiva. Ante esas perspectivas España debe adecuar su oferta a las previsibles exigencias de la demanda. Por eso, en un estudio sobre el turismo en España no podría faltar un capítulo para analizar la actual estructura de la oferta y los principales componentes de la demanda.

3.1. Los componentes de la oferta

Por la propia naturaleza del producto turístico, que exige una gran variedad de bienes y servicios para dar satisfacción a una plural demanda, no podrá hablarse en singular de una determinada oferta porque ésta ha de ser amplia. La Secretaría General de Turismo, dentro del Ministerio de Transportes, Turismo y Comunicación del Estado español, se encarga de llevar el control estadístico del número de establecimientos y servicios que constituyen la oferta profesional del sector turístico. Los datos publicados por esta oficina, contrastados con los aparecidos en los *Anuarios de las Estadísticas del Turismo* de la Organización Mundial de Turismo, servirán de base para efectuar el análisis de los componentes de la oferta.

Serán componentes de la oferta tanto las instituciones y empresas de servicios que actúan de divulgadores de la tipología de las instalaciones turísticas que se ofrecen a los visitantes, como las propias instalaciones, ya sean de albergue (las únicas sobre las que existen series comparables a nivel internacional), o de restauración y recreo. Las primeras son las que venden el producto, las segundas las que acondicionan el espacio para el acomodo de los turistas.

3.1.1 Los que venden el producto

Cuando la distancia se convierte en un factor limitante de la relación directa entre el consumidor y el ofertante de los servicios turísticos, se hace necesaria la existencia de unos intermediarios que salven esa dificultad y que faciliten las informaciones previas que son ineludibles para tomar una decisión en favor de una opción determinada. Esos intermediarios son unos agentes muy importantes en los circuitos de distribución del producto turístico. Los productos turísticos están constituidos por una amalgama de elementos que forman un todo indivisible; en esos elementos se incluyen:

- *Un patrimonio turístico,* formado por toda aquella oferta de carácter local, regional o nacional, que ejerce el primer atractivo sobre el turista; son los recursos naturales, histórico-culturales y técnicos, que sirven para que los turistas puedan decantarse según sus preferencias personales.
- *Un equipamiento definido localmente,* que sirve para que el turista pueda hacerse una idea de las condiciones de hábitat, manutención y recreo que podrá disfrutar en un determinado lugar si se decide por esa opción específica. Este equipamiento es el que se reconoce, en sentido genérico, como oferta turística.
- *La facilidad de acceso al lugar turístico,* que estará definida por el coste del traslado desde la población habitual de residencia del turista hasta el lugar elegido para pasar el período vacacional. Hay que distinguir claramente que, el turista, calcula la accesibilidad del espacio elegido en relación con el medio de transporte que se va a utilizar (barco, tren, autocar, o avión) y, sobre todo, con el coste del traslado, más que con la distancia física.

Las modalidades básicas de esta venta del producto las constituyen las ferias, congresos, convenciones y exposiciones turísticas que se encargan del «marketing» propagandístico, y las agencias de viajes que se responsabilizan del «marketing» publicitario.

a) La acción institucional de España en las ferias internacionales: El Estado español, consciente del interés y del peso específico del turismo en su economía ha habilitado cauces institucionales para contribuir a la promoción de la oferta española en los mercados internacionales. A través de IN-PROTUR España participa activamente en cuantos mercados pueden promocionar su producto, instalando pabellones en ferias internacionales (ya sean específicamente turísticas o genéricamente comerciales), organizando convenciones profesionales, «Semanas Españolas», Congresos, etc. Durante 1986, los pabellones españoles, itinerantes por las diversas muestras internacionales, recibieron la visita de más de 8 millones de visitantes y se repartieron casi 3 millones de folletos informativos. La Bolsa Internacional del Turismo (ITB), en Berlín, y FITUR, en Madrid, han sido las muestras más rentables de esta participación, con distribución en cada una de ellas de más de un cuarto de millón de folletos.

En esas muestras no existe una venta directa del producto, pero se captan clientes, e incluso se potencia la red de intermediarios, haciendo que determinadas agencias de viajes, que no contemplaban nuestro producto dentro de su oferta, incluyan la opción de España en futuras campañas.

Por otra parte, España cuenta con 26 oficinas de turismo, abiertas con carácter permanente, en diferentes países del mundo: 11 en el interior de la CEE, 8 en América (5 de ellas en los Estados Unidos), 1 en Japón, y el resto (6) en países europeos no comunitarios, pero pertenecientes al área de las economías de mercado.

b) Las agencias de viajes: Son auténticas empresas del sector turístico, con fines lucrativos, que se encargan de contratar servicios para un grupo determinado de turistas, con lo que pueden alcanzar una posición favorable para la negociación de los precios con las empresas que ofertan los servicios concretos. Gestionan tanto el desplazamiento como la estancia de los consumidores del servicio turístico, venden y proporcionan los títulos de transporte a favor de personas concretas, se encargan de la reserva y contratación de los hoteles, de la organización de visitas y excursiones turísticas (con guía que explica los recorridos en el idioma del visitante), suscribe seguros que cubren los riesgos a los que puede enfrentarse el turista como consecuencia de su viaje (accidentes, robos, etc.) y actúa como representante de otros organismos o agencias de viajes que no operan en el área geográfica en la que está instalada.

En 1986 se hallaban registradas 1.557 casas centrales de agencias de viaje, de las más de 20.000 abiertas en Europa. Su distribución se polariza sobre los grandes núcleos de población (que son el origen de la demanda de los servicios) y sobre las más importantes áreas turísticas (que son los lugares en los que se ha de prestar auxilio y atención a los usuarios de los servicios); las Comunidades de Madrid (329 agencias), Cataluña (314) y Baleares (207) totalizaban, conjuntamente, más de la mitad de todas las agencias que funcionaban en el Estado.

3.1.2. Los que acondicionan el espacio

Al amparo de un creciente e ininterrumpido flujo turístico que pasó de los 6 millones de visitantes en 1960, a los 24 en 1970, a los 38 en 1980, y a los 47 en 1986, se han efectuado múltiples esfuerzos por acondicionar el espacio para dar una atractiva acogida a esa demanda. La oferta turística que se encarga de acondicionar el espacio es muy variada e incluye un buen número de servicios mixtos, consumidos tanto por los turistas como por los nativos que ocupan sus tiempos de ocio; sin embargo, se considera oferta básica aquella que cubre las necesidades de albergue, de manutención y de recreo de los visitantes.

La cobertura de las necesidades de albergue se efectúa a través de una oferta extremadamente profesionalizada, que la conforman *las redes de hoteles, hostales y establecimientos asimilados,* o mediante una oferta complementaria en la que se incluirían *los lugares de acampada, las casas de labranza, los bungalows y apartamentos turísticos y las segundas residencias.*

La manutención se asegura mediante los servicios de restauración que se concretan en el número de *restaurantes* y de plazas existentes en los mismos. Con carácter complementario pueden incluirse las *cafeterías* que responden a una demanda indefinida en la que esta incluida desde la repostería a toda suerte de bebidas, o *los bares* que cumplen funciones muy peculiares al servicio de unos hábitos sociales propios del español, pero insólitos en otros marcos culturales.

La satisfacción del recreo es muy difícil constreñirla al marco de un tipo o dos de establecimientos recreativos, pues existen tantas posibilidades de ocupar el tiempo de ocio como ideas podamos desarrollar para la práctica de actividades lúdicas; no obstante, discotecas e instalaciones deportivas suelen ser las estrellas de este tipo de establecimientos.

A) Las plazas de albergue: Están representadas por la oferta hotelera y por la oferta complementaria. La clasificación turística de los establecimientos hoteleros diferencia entre la *categoría oro,* con hoteles de 5, 4, 3, 2 y 1 estrellas, y la *categoría plata* de hostales de 3, 2 y 1 estrellas. Se consideran asimilados a los hoteles las casas de huéspedes y fondas, que funcionan como empresas familiares, con escasa profesionalización del servicio.

La red hotelera de España se encuentra entre las de mayor volumen y calidad del mundo. Contaba con 10.331 establecimientos profesionales y 12.242 asimilados que se distribuían como se indica en el Cuadro 3.1.

El complemento de la red hotelera se significa en 797 campamentos de turismo (campings), 1.826 casas de labranza y 88.348 apartamentos turísticos. Las estadísticas globales facilitadas por la OMT incluyen, también, 8,5 millones de plazas en segundas residencias, que con buen criterio no debían incluirse en tal consideración, aunque son susceptibles de utilizarse como al-

CUADRO 3.1

Distribución de las plazas de albergue (1986)

Regiones Geográficas	Hoteles					Hostales			Total
	5*	4*	3*	2*	1*	3*	2*	1*	
Islas	6.783	48.441	116.184	56.178	33.219	**3.374**	14.625	27.631	306.432
Madrid	8.031	12.756	8.657	1.899	1.303	**2.379**	5.603	7.882	48.510
Interior	1.045	12.170	19.777	14.203	12.023	**2.469**	25.102	29.514	118.203
Costas	9.606	43.080	112.343	60.733	57.742	**3.886**	41.298	63.998	391.689
Total en Hotel	**26.365**	**116.447**	**256.961**	**133.103**	**104.287**	**12.108**	**86.628**	**129.025**	**864.834**

Regiones geográficas	Asimiladas a hoteles	Casas de labranza	Campings (categorías)				Total
			lujo	1.ª	2.ª	3.ª	
Islas	9.239	10	0	999	674	1.850	12.772
Madrid	15.537	19	0	4120	9.314	800	29.790
Interior	44.453	5.778	0	16.301	27.618	9.647	103.797
Costas	85.927	2.485	2.330	152.217	154.747	25.848	423.554
Total	**155.156**	**8.292**	**2.330**	**173.637**	**192.353**	**38.145**	**569.913**

Regiones geográficas	En apartamentos turísticos (categorías en llaves)				
	4 llaves	3 llaves	2 llaves	1 llave	Total
Islas	0	39.491	82.682	51.799	173.972
Madrid	979	2.410	1.505	76	4.970
Interior	0	317	384	982	1.683
Costas	1.449	30.053	38.514	39.355	109.371
Total	**2.428**	**72.271**	**123.085**	**92.212**	**289.996**

FUENTE: Secretaría de Estado de Turismo y elaboración del autor.

bergue turístico y, de hecho, una parte sustancial de las mismas se dedica a tales usos.

Si exceptuamos las segundas residencias, la capacidad total de albergue de la oferta turística española es de 1.724.773 plazas, por lo que hemos de presumir que exiten otras modalidades de alojamiento fuera del control contable de los organismos oficiales, porque, estadísticamente es demostrable que, en determinados períodos del año, y notoriamente durante el mes de agosto, existen simultáneamente más de tres millones de extranjeros que pernoctan en nuestro territorio.

Esa capacidad de alojamiento proporciona la posibilidad de un total de 464 millones de pernoctaciones anuales en establecimientos hoteleros y campings, aunque la estacionalidad de su uso hace que sólo se hayan realizado 139 millones de pernoctaciones durante 1986, lo que da una rentabilización de la oferta equivalente al 30 por 100 de sus posibilidades.

Sin embargo, tanta o más importancia que el volumen de la oferta en plazas de alojamiento la tiene la calidad de esa oferta. El 16,5 por 100 de las plazas hoteleras puede considerarse de alta cualificación (establecimientos de 4 y 5 estrellas), el 31,1 por 100 debería incluirse entre los de categoría media (3 estrellas), mientras que más de la mitad de las plazas (52,4 por 100) pueden considerarse de baja calidad. Ello tiene su importancia porque, la mayor tasa de ocupación media anual se da siempre en los hoteles de 4 estrellas (alta calidad), excepto durante la alta temporada (meses de verano) en que la mayor ocupación se dan en los hoteles de 3 estrellas; por el contrario, el más bajo grado de uso se da en los establecimientos de menor cualificación.

La estacionalidad es otra de las características a destacar en la oferta; la importancia de la misma es una consecuencia del grado de dependencia de la hotelería española de la demanda turística que sobre ella se haga. En el transcurso de la temporada turística de 1986, el número de plazas ofertadas en los establecimientos hoteleros abiertos osciló entre las 806.626 del mes de agosto y las 451.167 del mes de noviembre, en una proporción que va de 100 a 56; esa estacionalidad era tanto más importante cuanto menor era la calidad de la plaza ofertada, y así, mientras que en los hoteles de 5 estrellas la estacionalidad de la oferta entre agosto y noviembre era de 100 a 94, en los de 4 estrellas era de 100 a 71, en los de 3 la proporción descendía a 100/53, para bajar a 100/43 en los de una estrella. Ello nos impulsa a pensar que la oferta más rentable y, consecuentemente, las inversiones más productivas son las de los establecimientos de más alta cualificación. La oferta complementaria está afectada en una estacionalidad mucho más alta, por lo que resulta difícil el comprender como se siguen abriendo nuevos establecimientos turísticos cuando todavía no se rentabilizan adecuadamente los existentes; la explicación de este comportamiento aparentemente irracional radica en el hecho de la existencia de demandas-punta, concentradas en determinadas épocas del año, especialmente durante los meses de julio y agosto, que convierten en insuficientes las dotaciones existentes. Los promotores de los nuevos establecimientos son conscientes del sobredimensionamiento de la oferta, pero esperan que con la apertura de cada nuevo centro se amplíe el volumen de la demanda merced a la introducción de nuevos alicientes en la calidad de los servicios ofertados.

B) Restaurantes y cafeterías: No se suelen incluir en las estadísticas internacionales, pero constituyen un fuerte aliciente para impulsar la demanda hacia un determinado lugar. En 1986, estaban censados en España un total de 39.220 restaurantes que representaban una oferta de 2.296.828 plazas (59 por cada 1.000 habitantes), y 9.125 cafeterías con 581.420 plazas.

La categorización de los restaurantes los diferencia entre establecimientos de 5, 4, 3, 2 y 1 tenedores, con neta preponderancia de los de 2 tenedores, que son los más frecuentemente visitados por las familias españolas de la clase media. Su distribución por regiones geográficas y por tipología de establecimientos era, en el año de referencia, la que aparece en el Cuadro 3.2.

CUADRO 3.2

Plazas en restaurantes y cafeterías (1987)

Regiones geográficas	Restaurantes (tenedores)					
	5	4	3	2	1	Total
Islas	1.055	11.523	34.354	185.473	86.497	318.902
Madrid	2.298	9.606	26.690	130.085	87.479	256.158
Interior	518	2.614	32.217	223.610	160.984	419.943
Costa	2.503	19.639	93.679	668.601	517.393	1.301.825
Total	**6.374**	**43.382**	**186.940**	**1.207.779**	**852.353**	**2.296.828**

	Cafeterías (categorías)			
	Especial	1.ª	2.ª	Total
Islas	2.130	15.361	121.847	139.338
Madrid	14.535	3.935	45.079	63.549
Interior	7.657	16.312	68.503	92.472
Costa	17.617	29.747	238.697	286.061
Total	**41.939**	**65.355**	**474.126**	**581.420**

FUENTE: Secretaría General de Turismo y elaboración del autor.

En esta oferta se manifiesta una vez más el peso que tienen las distintas áreas turísticas; pero, sobre todo, lo que se nos muestra es una escasa proporción de establecimientos de alta restauración, para clientes de gran poder adquisitivo, suficiente indicativo del nivel de vida de nuestra sociedad y de la clase de turismo que nos visita.

Precisamente, la cocina española tiene una buena acogida entre las clases medias, y platos como la paella (menú que puede considerarse como económico) han adquirido reputación universal; pero el nivel y la difusión de otras gastronomías como la francesa, la suiza e, incluso, la italiana, están muy lejos de nuestra cocina.

C) Otros centros de recreo: El turista busca una «ocupación» para su tiempo de ocio; esa ocupación será diferente en función de la edad y de las experiencias personales de cada turista. Hay quienes sólo tratan de descansar relajadamente, apartados de las tareas y preocupaciones cotidianas; los hay que pretenden realizar actividades que tienen un cierto prestigio social en su entorno, pero que, habitualmente, no pueden llegar a disfrutar (montar a caballo, jugar al golf); otros pretenden hacer una vida en estrecho contacto con la naturaleza, y hay quienes sólo pretenden desarrollar una intensa actividad social, relacionándose con múltiples personas y haciendo nuevas amistades. En definitiva, la oferta turística, ha de dar respuesta a todas esas apetencias y ha de estar preparada para inventar otras nuevas que se conviertan en atractivo para futuras campañas turísticas.

En los centros de recreo se ofertan múltiples posibilidades lúdicas que vienen a ocupar el tiempo del ocio, que puede hacerse tedioso durante los períodos vacacionales. La variedad de centros será tanta como la de las posibilidades recreativas, aunque hay determinadas clases de centros que han alcanzado una mayor difusión que sus competidores: las discotecas, las instalaciones deportivas y los parques recreativos se encuentran a la cabeza de los que mayor número de usuarios atraen a sus instalaciones. Las regiones turísticas de España destacan entre sus competidoras de Europa por el número y variedad de la oferta recreativa, que concentra más del 90 por 100 de sus efectivos en las costas españolas, en estrecha asociación con los grandes centros turísticos del país.

Están catalogados 5 parques de atracciones, 12 parques de agua, 68 aeropuertos deportivos, 77 clubes hípicos con sus escuelas de equitación, 86 campos de golf, 304 instalaciones náuticas deportivas con 62.285 puntos de amarre y una flota de embarcaciones deportivas estimada en unas 90.000 unidades, 541 km de pistas de esquí distribuidas entre 36 estaciones; además, 9 parques nacionales, 10 cotos nacionales, 35 reservas nacionales de caza y 49 cotos sociales de caza.

Capítulo aparte merecería la oferta sanitaria, representada por los balnearios y sus entornos, muy extendida en Alemania o Francia y los países socialistas, si bien se nos presenta casi inexistente en España. Son 92 los balnearios censados en nuestro país, pero ni sus instalaciones, ni la demanda que se hace de las mismas, tiene algún interés de cara a su explotación turística. El declive de su uso se hace patente, ya que, a mediados del siglo XIX, llegaron a funcionar 160 balnearios y en la actualidad sólo una tercera parte de los censados mantiene una oferta que podría resultar aceptable, aunque muy alejada de las grandes instalaciones y servicios de los centros termales europeos.

Existen además 255 refugios de montaña, 125 albergues juveniles, 144 estaciones de alta montaña, 87 paradores nacionales, 18 casinos de juego, aparte de otras muchas formas locales de ocupar el tiempo de los visitantes.

Toda esa amplia oferta contribuye al prestigio de la industria turística en nuestro país y la consideración preferente de nuestra opción en el marco de las ofertas turísticas de los grandes operadores trasnacionales.

3.2. Los demandantes del servicio

Pueden considerarse como consumidores de la oferta turística todos aquellos que utilizan sus instalaciones y servicios, aunque, en sentido estricto, la alusión al consumidor se referencia como sinónima del turista. En efecto, son los turistas los grandes demandantes de los bienes y servicios incluidos en la oferta turística, si bien puede hacerse una distinción entre el turismo interno y el turismo internacional.

3.2.1. La importancia del turismo nacional

Popularmente no existe una debida valoración de la importancia y desarrollo del turismo nacional; sin embargo, su contribución a la viabilidad económica del sector, sobre todo en la temporada baja, ha sido un factor decisivo en el crecimiento del mismo, al menos durante la década de los 80. Un tercio de las pernoctaciones en hoteles, durante 1986, se debieron a estancias de ciudadanos españoles; más de la mitad de las plazas ocupadas en campamentos turísticos, también lo fueron por indígenas y no por foráneos. A ello se añade la menor estacionalidad de la demanda de los turistas nacionales: durante todo el año, excepto de mayo a junio, el número de viajeros españoles que llegan a los establecimientos hoteleros es superior al de extranjeros. Finalmente, otro factor positivo, para los ofertantes de los servicios turísticos en relación con la demanda nacional, es la posición de debilidad con la que negocian, los turistas nacionales, la contratación de los servicios que piensan consumir, por lo que el pago de esos servicios se hace más alto. Los grandes tour-operadores internacionales, que contratan decenas de miles de plazas, pueden apretar más las condiciones de la contratación, lo que no puede hacer el turista individual que piensa alojarse un par de noches en un determinado hotel, y ni siquiera llega a alcanzar esa posición prepotente ninguna de las débiles agencias de viajes nacionales que se distribuyen la oferta interna. Los profesionales del sector conocen bien la bondad del turismo interno y la prefieren mientras tengan asegurados la estabilidad de su clientela y la cobertura de su oferta.

El español moderno tiene una fuerte propensión hacia el viaje y si no registra unas tasas más altas de consumo turístico se debe a las limitaciones económicas impuestas por su nivel de vida. Las últimas encuestas publicadas por la OMT (OMT: 1986, 2, 49) muestran a un español con una tasa bruta de salida de vacaciones del 75 por 100 (para la población comprendida entre los 16 y los 65 años), por encima de italianos y alemanes; aunque, las tasas netas quedan por debajo de las de estos países. Hay que significar que las *tasas netas* se refieren a los españoles que han salido de vacaciones, desde su residencia habitual, por un período de 4 o más días; las *tasas brutas* contabilizan cualquier tipo de salida en las mismas condiciones, pero sin precisar que haya sido realizada por un español diferente al que ya haya efectuado otra salida. Una tasa bruta alta y una neta baja se explican por una mala distribución de las rentas, que permiten a determinado grupo social un consumo reiterado de la práctica turística, mientras que priva a otros de su disfrute.

La evaluación, en términos económicos, de toda la demanda turística efectuada por nacionales representaba un montante global estimado en el 4,6 por 100 del Producto Interior Bruto (PIB) del Estado, durante 1986; es decir, tanto como el 96 por 100 del total del consumo turístico extranjero. Con ese volumen de negocios, la demanda interna merece una adecuada consideración.

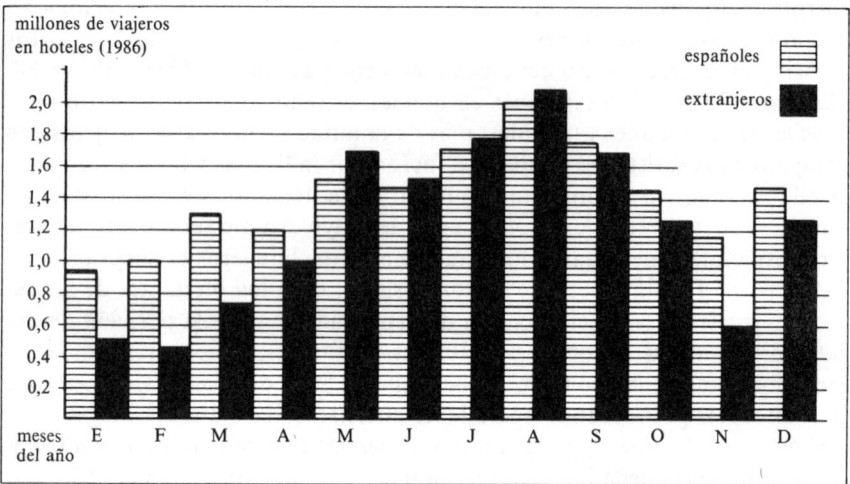

Figura 3.1. Estacionalidad comparada del turismo nacional y extranjero.

Los valores puntas (mínimo y máximo) de la demanda del turismo nacional se encuentran en la proporción de 46,5 a 100, para 1986, mientras que la proporción que caracterizó a los extranjeros, en el mismo año de referencia fue de 26,4 a 100. Esa mayor regularidad apreciada en la curva de la demanda nacional debe ser valorada en sus justos términos, porque toda una infraestructura turística como la española no puede depender de la aleatoriedad de las preferencias de los extranjeros, que le sitúan en una posición de permanente angustia; una adecuada planificación debe ir orientándose también hacia la satisfacción de las apetencias de los turistas nacionales. Ello no implicaría, como es obvio, ningún tipo de menosprecio por la importante demanda turística venida desde el exterior, puesto que la misma es harto beneficiosa para la economía del país, para el estrechamiento de nuestras relaciones internacionales y para el desarrollo de los hábitos de tolerancia y comprensión en nuestro pueblo.

La preferencia de la demanda nacional se inclina por la visita a los grandes centros económicos, administrativos y culturales del país, por lo que actúa también como un despolarizador de los flujos de la demanda del turismo extranjero. De los 16,6 millones de viajeros nacionales que utilizaron los servicios hoteleros durante 1986, el 11,5 por 100 se dirigió a Madrid, que recibió más turistas nacionales, a lo largo del año, que ningún otro centro del país; a distancia Barcelona que recibió el 6,3 por 100 de los viajeros nacionales, y la primera provincia auténticamente turística aparece en tercer lugar, Alicante, con el 5,1 por 100 de los turistas nacionales alojados en hotel; a continuación Málaga (el 4,2 por 100), y a mayor distancia Baleares, Sevilla, Granada, Valencia. Resulta más difícil precisar el origen provincial de tal demanda, aunque parece previsible que sean los grandes núcleos de población (Madrid y Barcelona destacadamente) los mayores emisores del turismo.

De cualquier forma, esta información es referida, únicamente al uso que los turistas hacen de los establecimientos hoteleros, pero las encuestas oficiales estiman que sólo el 6,2 por 100 de las pernoctaciones de los turistas nacionales se realizan en establecimientos de este tipo, por lo que la mayor parte de la práctica turística de los nativos tiene una difícil cuantificación directa. De lo que no cabe ninguna duda es de la amplitud y significación de la demanda interna, superior en duración a la media de la demanda extranjera, ya que de los 23 días de vacaciones medias que disfruta el trabajador español, casi la mitad los consume en actividades turísticas, mientras que nuestros visitantes del exterior apenas llegan a los 10 días de estancia/turista en el interior de nuestras fronteras.

3.2.2. La preponderancia del turismo internacional

A pesar de la creciente importancia del turismo nacional, la oferta española está fundamentada sobre la demanda del turismo procedente del extranjero, que es la fuente del saneamiento de nuestra balanza de pagos y de buena parte del crecimiento económico del país. Los medios de transporte colectivos, en especial el avión, han permitido que personas residentes en tierras muy alejadas de nosotoros puedan disfrutar de su período vacacional en nuestras costas o en nuestras ciudades, sin perder, por ello, una parte significativa de su tiempo.

El origen y la intensidad de los flujos turísticos internacionales que nos informa sobre la dependencia de nuestra oferta y sobre las necesidades de infraestructura para dar una respuesta adecuada a previsibles incrementos futuros de las demandas regionales, *las motivaciones de la demanda turís-*

tica cuyo conocimiento permite un mejor acondicionamiento de la oferta, junto a *la calidad económica de nuestros visitantes* que nos permitirá planificar nuestra oferta en función de su hipotética rentabilidad, *serán las componentes más importantes de un primer estudio sobre el turismo internacional.*

A) El origen y la intensidad de los flujos turísticos: Si hacemos exclusión expresa de los excursionistas llegados a nuestras fronteras (aquellos que no llegan a permanecer 24 horas en nuestro territorio), que suelen ser personas que viven en las proximidades de los límites territoriales, los llamados «fronterizos», España recibió, durante 1986, el 8,8 por 100 del movimiento turístico mundial; es decir, un total de 29,9 millones de turistas internacionales de un total de casi 47,4 millones de visitantes que atravesaron nuestras fronteras. Ese flujo de visitantes ha supuesto una ruptura en las tendencias mantenidas entre 1978 y 1985; esas tendencias marcaban un estancamiento que había empujado a pensar a muchos observadores que España había alcanzado su techo turístico. La Fig. 3.2 resulta muy clarificadora al respecto.

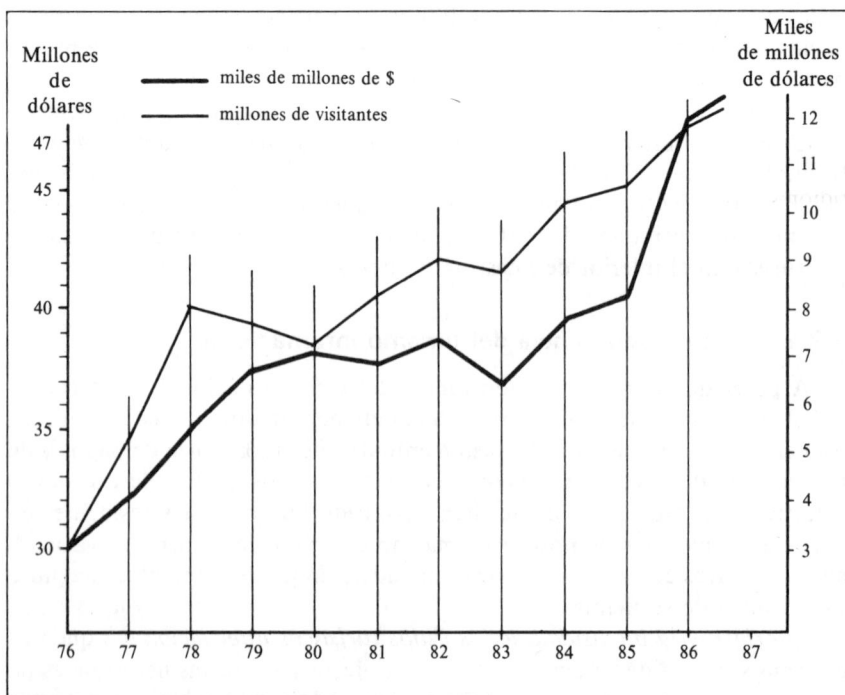

Figura 3.2. Evolución de la demanda turística externa.

La crisis económica mundial ha sido la gran determinante del turismo receptivo español durante la última década, puesto que ha influido no sólo en el número de visitantes sino que también se ha dejado de sentir en los gastos personales de los llegados: Aunque en valores corrientes los gastos por turista aumentan ininterrumpidamente desde el 1976 al 1980, en pesetas constantes, en realidad, se ha pasado de las 6.876 pesetas de 1976 en ese año, a las 6.606 en 1980. En 1984 se experimenta la primera reacción positiva que vislumbra ya el final del período tenebroso de la crisis económica mundial: el número total de turistas ha aumentado en un 4 por 100 con respecto al año anterior, pero los gastos por turista, en moneda constante, han aumentado en un 17 por 100; el ascenso continuará en los dos siguientes años, y las tendencias observadas hasta agosto de 1987 parecen confirmar la estabilidad de esa tendencia.

El análisis del origen de esa demanda externa muestra unos flujos preferenciales entre determinados países (Francia, República Federal Alemana, Reino Unido) y España. En esas preferencias generalizadas intervienen múltiples factores, tanto económicos como geofísicos y culturales:

• *Los franceses,* que proporcionan el mayor número de visitantes a nuestra contabilidad turística, se acercan a nuestras fronteras por proximidad geográfica y por los bajos precios de nuestra oferta con respecto a los del resto de los países limítrofes a su territorio nacional; el clima no es un factor decisorio en la elección del lugar de estancia, porque, en período vacacional (durante los meses de verano), los franceses gozan de un clima típicamente mediterráneo, con ausencia de nubes y con mares cálidos, en su fachada meridional. Representó el turismo francés el 23,8 por 100 del total de los visitantes llegados a España durante 1986, oscilando su cuota de participación en el volumen global entre el 20 y el 25 por 100, dependiendo de los años, aunque muchos de ellos llegan como excursionistas, y otros como asiduos de un determinado lugar donde tienen comprado su apartamento o su pequeña villa, que es para ellos su segunda residencia para períodos vacacionales. Su práctica turística es bastante atípica, pues representando tan alta cuota del volumen de llegadas registradas, apenas sobrepasaron el 7 por 100 de las estancias hoteleras; sólo 1 de cada cuatro franceses pasan alguna noche en hotel, prefiriendo los campamentos turísticos y los alojamientos complementarios.

Los franceses salen sobre todo a España y a Italia (11 y 9 millones de visitantes, respectivamente), siguiendo sus preferencias, pero a gran distancia de las anteriores destinos, por el Reino Unido, Suiza y la República Federal Alemana. El fenómeno del periferismo tiene mucho que ver con el flujo centrífugo de los turistas franceses.

• *Los portugueses* son el segundo grupo nacional, en orden de importancia, entre los visitantes de nuestro país (el 20,1 por 100 de las llegadas a nuestras fronteras), aunque su peso apenas tiene significado en el consumo de bienes y servicios turísticos. Los gastos ocasionados por turismo, contabilizados en la balanza entre los dos países, apenas sobrepasaron los 28 millones de $ durante 1985 (OMT: 1986, 2, 524), lo que daría un gasto medio de 3,6 $ por cada visitante. Casi la totalidad de esos visitantes (el 96 por 100) lo hace en calidad de excursionistas; de ahí el que sólo tengan importancia numérica en el volumen global de extranjeros llegados a las fronteras, ocupando solamente el 0,6 por 100 de las pernoctas registradas en nuestros hoteles. La OMT (OMT: 1986, 559) calcula que el número de turistas, en sentido estricto, que llegan desde Portugal a España no alcanzan el medio millón en los años más benignos. El más bajo nivel de vida y la debilidad poblacional del país no podrían explicar de otra forma las altas tasas de visitantes procedentes de aquel país. El condicionamiento geográfico es otra importante componente de esta propensión de los portugueses en sus salidas internacionales, quedando Francia e Italia, los siguientes países en las preferencias apreciadas de los portugueses, a una considerable distancia del volumen de su flujo hacia España (sólo unos 200.000 turistas hacia cada uno de estos países).

• *Los ingleses* ocupan el tercer lugar en las estadísticas de los visitantes llegados a nuestras fronteras (el 13,6 por 100 del total), pero son los mejores clientes de nuestra oferta hotelera, ocupando bastante más del tercio de todas las estancias habidas en el año medio. El turismo inglés es prototipo del turismo organizado a través de grandes operadores que dirigen las corrientes hacia los lugares que les garantizan un buen clima y unos precios bajos como contraprestación de servicios de tipo medio-alto. Esa dependencia de los tour-operadores se deja notar cuando estas empresas atraviesan por dificultades financieras o quiebran; los problemas padecidos por el sector durante 1984, se dejaron sentir cruelmente en la utilización de nuestra oferta durante 1985, año en el que disminuyó la llegada de británicos en un 16,5 por 100, o sea, un millón de turistas. Las Baleares (que reciben a la tercera parte de todos los turistas ingleses venidos a España), las Canarias y la Costa del Sol son el destino del 70 por 100 de los flujos turísticos que tiene su origen en las Islas Británicas.

España es el destino preferido del turista inglés, por delante de Francia, y sobre todo de Italia, Irlanda, Alemania y Grecia, que le siguen a mucha distancia. En España consumen casi un cuarto de las divisas que gastan en el extranjero, que representan un volumen equivalente al de gastos efectuados por franceses y portugueses juntos, y ocupan el 40 por 100 de las plazas turísticas que llenan los aviones que llegan a los aeropuertos españoles.

• *Los alemanes* ocupan la cuarta posición en el ranking de origen de los visitantes de nuestro país, a poca distancia de los ingleses, pero son el colectivo que más gastan en España, por encima, incluso de los ingleses; sin embargo, al contrario de lo que ocurría con los tres anteriores grupos nacionales, que preferían dirigir su flujo turístico hacia nuestras tierras antes que hacia cualquier otro lugar, los alemanes sienten una inclinación especial por Italia, Austria y Francia. Son, tras los ingleses, el colectivo que más ocupación hotelera hace y muestran una marcada inclinación por las Baleares, las Canarias y la Costa Brava.

Su comportamiento turístico se encuentra a caballo del observado en ingleses (prefieren viajar con viajes organizados desde su propio país) y en franceses (viajan en automóvil propio y, a veces, con su propia caravana); la mitad de ellos suele utilizar los servicios de las agencias de viaje internacionales y el resto efectúan una clase de turismo más libre, aunque haciendo uso de los establecimientos profesionales del ramo turístico.

En su conjunto, nuestros cuatro primeros clientes turísticos proporcionan más de los dos tercios del volumen de nuestro turismo, con leves oscilaciones relativas anuales. Esos cuatro países más el Benelux, Escandinavia, Norteamérica, Italia y Suiza representan el 86 por 100 de nuestros visitantes y en torno a los 9/10 de nuestros ingresos turísticos.

B) Las motivaciones de la demanda: España no es un país de tránsito turístico, como ocurre con Francia, sino que se comporta como espacio de destino. Nuestra oferta está orientada a satisfacer la demanda de un turismo vacacional y estable; por eso, cada vez tiene más peso el transporte aéreo en relación al resto de los medios de llegada de los flujos turísticos, ya que éste permite acortar el tiempo de traslado, aunque sustrae al turista de la posibilidad de conocer viajando; el turismo itinerante es cada vez más infrecuente en España, lo que por otra parte sirve para aliviar las insuficientes infraestructuras viarias de nuestro país.

Siendo el nuestro un Estado periférico, desde el punto de vista geográfico, con respecto a los grandes flujos del turismo europeo, el turista que traspasa nuestras fronteras lo hace porque se ha decantado por efectuar ese específico viaje; en efecto, la mayor parte de nuestro turismo lo es a término, aunque los marroquíes y portugueses procedentes de Europa que llegan a España lo hacen como paso obligado para acceder a sus países respectivos. A diferencia de lo que ocurre en el Reino Unido, donde un tercio de los visitantes han llegado por asuntos de negocios (un volumen próximo al de Estados Unidos), o de las motivaciones manifestadas por los visitantes a Hong Kong, Singapur y Japón, a donde cerca de la mitad han arrivado por las mismas causas económicas, en España, el turismo es eminentemente vacacional. La vacación será, pues, el primer y casi único motivo de la ocupación turística de nuestra oferta; los negocios tienen una importancia mucho mayor en el turismo interno que en el externo; por eso, la oferta lúdica debe primar claramente sobre cualquier otro tipo de oferta complementaria.

Por otra parte, el desarrollo del turismo social en los países más avanzados del continente europeo, la benignidad del clima invernal de nuestro país en los archipiélagos y en la costa mediterránea, y los relativos bajos costes de la oferta turística española en relación a la de otros espacios europeos, junto a la facilidad de acceso a través de los vuelos regulares o de los «charter», se han conjugado para crear un significativo núcleo de turismo de tercera edad que está dando paso a la creación de ciudades vacacionales de jubilados.

C) La calidad económica de nuestros visitantes: El turismo es fundamentalmente una actividad económica, un tipo de «industria» muy especial, que tiene un importante efecto multiplicador y que arrastra al consumo a otros sectores, en razón de ello; por eso, un estudio sobre la demanda debe contemplar un análisis, aunque sólo sea somero, sobre la cualificación económica de nuestros visitantes. Cuando, en 1974, disminuyó por primera vez, después de muchos años, el número de turistas que llegaron a España, las autoridades quisieron minimizar el problema difundiendo las tesis sobre la importancia de la calidad turística en detrimento del número del visitantes.

En general, no puede decirse que sea bajo el gasto por turista extranjero (no por visitante) en España; los 389,2 $ per capita evaluados como gastos para el año económico de 1986, están por encima de la media mundial de gastos/turista para el mismo período de tiempo. Los gastos por visitante aumentan de forma progresiva, y en pesetas constantes, desde 1981, sin altibajos apreciables y se sitúan ya por encima de los valores medios alcanzados en Italia y en Francia. Puede decirse que el turismo español evoluciona hacia la calidad y, en parte, ello se debe a la propia oferta que se ha decantado por el desarrollo de establecimientos de categoría con servicios demandados por los consumidores de alto poder económico (puertos recreativos, campos de golf, grandes atracciones, etc.).

La calidad del turismo alemán está por encima del resto de pueblos europeos que nos visita, aunque queda lejos de la del turismo americano, que es el que mayores gastos efectúa no sólo en Europa sino en cualquier área geográfica del mundo; pero, España sólo está en el quinto lugar entre las preferencias americanas por visitar los países europeos. Las campañas institucionales españolas por captar la atención de los norteamericanos son el camino adecuado para potenciar el turismo de calidad, aunque las circunstancias políticas del momento elegido (1986) resultaron desfavorables por el miedo norteamericano al terrorismo árabe en Europa en contra de sus intereses y ciudadanos.

3.3. Los transportes y la canalización de las corrientes turísticas

La situación periférica con respecto al continente europeo, la deficiente infraestructura viaria de nuestro territorio y el relativo bajo costo de los transportes aéreos no regulares, han marcado una tendencia hacia el uso creciente de este medio en detrimento de los ferrocarriles y de la carretera. Casi el 30 por 100 de nuestros visitantes (más de 14 millones) utilizaron *el avión como medio de transporte* para llegar a España, muy por encima de los valores absolutos y relativos registrados en Italia (en torno al 10 por 100 de sus visitantes) o en Francia (en torno al 12 por 100). Esa modalidad del flujo turístico empuja hacia una cierta sedentarización de los turistas, que han de contratar los servicios de una agencia para trasladarse por el territorio que visitan, lo que tiene sus ventajas desde el punto de vista de la profesionalización de la oferta, aunque disminuye las posibilidades de contactos personales con los indígenas perjudicando parte de los efectos sociales beneficiosos que se derivan de la práctica turística. Sólo el Reino Unido y Grecia, debido a la insularidad, geográfica de una, y práctica de la otra, reciben una proporción más alta de turistas a través del transporte aéreo.

Los aeropuertos que más activamente intervienen en ese tráfico son:

- Palma de Mallorca, que recibe la cuarta parte del total de los que utilizan ese medio de transporte, especialmente desde el Reino Unido y desde la República Federal Alemana.
- Málaga, con la mitad del tráfico turístico del anterior, y a corta distancia, Madrid, Las Palmas y Tenerife (cada uno de ellos con más de un 10 por 100 del tráfico aéreo de origen turístico).

No obstante, la *carretera* sigue siendo el principal medio de acceso hacia nuestra geografía turística. Más de 29 millones de visitantes llegaron a España a través de la carretera, siendo La Junquera el principal punto de entrada siguiendo la línea de la gran red de autopistas europeas continuadas en España por la Autopista del Mediterráneo. A distancia de La Junquera se sitúan el resto de los paso fronterizos, aunque existen otros 9 pasos que reciben más de 1 millón de visitantes al año (5 de ellos en la frontera portuguesa). Los grandes flujos del turismo europeo que se desplaza en automóvil atraviesan los puestos fronterizos de los Pirineos en sus extremos oriental (Port-Bou, La Junquera y Puigcerdá) y occidental (Irún, Behovia, Biriatou, Dancharinea).

El ferrocarril y los transportes marítimos pierden adeptos de una forma lenta, aunque progresiva; la competitividad del avión como fórmula de transporte colectivo y la comodidad de la carretera ha relegado al ferrocarril a ser un medio de transporte utilizado preferentemente por jóvenes que disfrutan sus vacaciones viajando en grupo y alojándose en tiendas de campaña. El transporte marítimo hace tiempo que cayó en desuso y únicamente los recientes intentos de revitalizar los cruceros, entre las clases medias y altas, mantienen la incógnita de su futuro.

Irún es la frontera ferroviaria que registra un mayor número de pasajeros procedentes del exterior, siguiéndole Port-Bou, que monopolizan la llegada de viajeros procedentes de Europa; por la estación de las Fuentes de Oñoro llegan los provinentes de Portugal (más de 400.000 en 1986).

Algeciras se configura como el primer puerto marítimo en la recepción de visitantes foráneos. 1.400.000 extranjeros han utilizado este medio de transporte, siendo más de la mitad de ellos meros transeúntes que han tocado puerto mientras hacían cruceros marítimos por el Mediterráneo o el Atlántico. Los puertos de Santa Cruz de Tenerife, de Palma de Mallorca y de Barcelona, siguen en importancia al de Algeciras; entre los 4 reciben los dos tercios de los turistas llegados a nuestros puertos.

Como síntesis gráfica de lo expuesto en relación a los flujos turísticos que recorren nuestro territorio y a la distribución de tales flujos en relación con el medio de transporte prioritariamente utilizado, presentamos el gráfico de la Fig. 3.3.

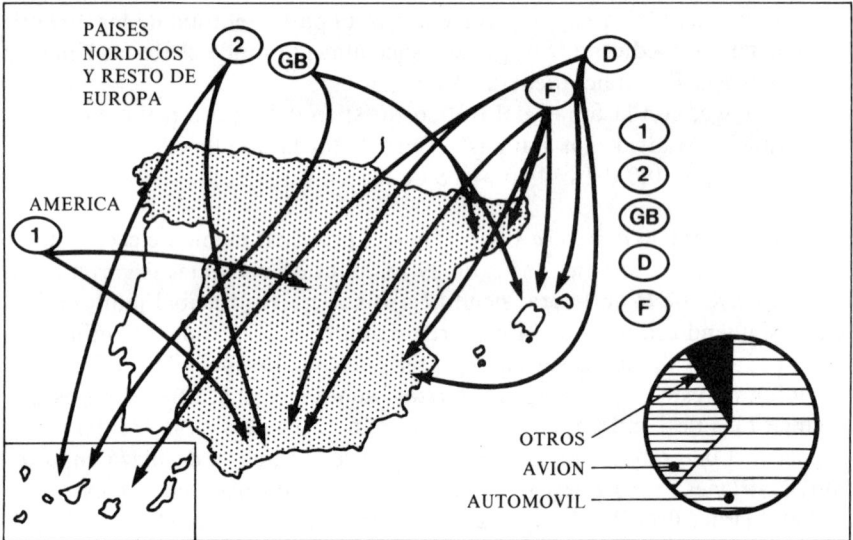

Figura 3.3. Distribución sectorial y geográfica de los flujos turísticos en España.

68

4.
Valor espacial del fenómeno turístico en España

El turismo nace con vocación espacial, pues la razón de ser del mismo es la existencia de un desplazamiento; puede decirse que es una actividad apoyada en los espacios recorridos, sin los cuales no existiría como tal actividad singular. La oferta turística es una importante modificadora de los espacios, la demanda una importante colonizadora de los mismos y la actuación conjunta de ambas genera un tipo de ordenamiento espacial, o de racionalización geográfica, que se concreta en la delimitación de *regiones turísticas.*

España es un país con una alta densidad media de turismo, pero la auténtica fuerza del fenómeno radica en su polarización en unas áreas muy reducidas. Ya habíamos visto cómo se distribuía la oferta en unas regiones geográficas bien definidas; *las islas, la costa mediterránea y Madrid* concentran más de los 4/5 de la oferta global en un espacio administrativo que no llega a 1/5 de la superficie total del Estado. Del valor espacial del turismo y de la importancia de su polarización en España, se derivarán consecuencias de carácter geográfico que tendrán su respuesta social, económica y hasta política.

Entre las muchas posibilidades de proceder a un análisis espacial para calcular el peso que un determinado fenómeno ejerce sobre un grupo social y su entorno medioambiental, la más elemental y próxima es la que calcula la densidad de la presencia de las variables definitorias del fenómeno en el espacio considerado. Por imposición metodológica, los espacios considerados han de ser los territorios administrativos, ya sean a escala municipal, provincial o de Comunidad Autónoma, puesto que las estadísticas son referidas al ámbito de esas circunscripciones. Las densidades se referirán, por tanto, a los diversos niveles de los territorios administrativos y, más específicamente, a las categorías espaciales oficializadas por el Instituto Nacional de Estadística y los diversos Entes Públicos encargados de la Administración Turística.

4.1. Las regiones turísticas

La Administración española establece la distinción entre *zonas turísticas* y *puntos turísticos,* que se diferencian por la amplitud del espacio geográfico que abarcan; mientras que las *zonas* hacen referencia a espacios con una cierta densidad turística que les otorga alguna suerte de homogeneidad, los *puntos* se identifican con ciudades o importantes núcleos turísticos de especial significación. Las zonas turísticas a las que se refieren las estadísticas mensuales elaboradas por el INE son la Costa de Alicante, la Costa Brava, la Costa del Sol, Palma-Calvia y el sur de Las Palmas, que conforman la infraestructura básica de la oferta turística española. Los puntos turísticos son Barcelona, Benidorm, Lloret de Mar, Madrid, Puerto de la Cruz, Santander, Sevilla, Valencia y Zaragoza, que quizás no sean los únicos que deberían tenerse en cuenta, puesto que núcleos básicos del turismo nacional quedan fuera de análisis.

Si identificamos equipamiento e importancia turísticas y lo valoramos en función del uso que se hace de los componentes de la oferta, las 10 primeras provincias turísticas serían las que se muestran en el Cuadro 4.1, de cuyo análisis se deduce lo siguiente:

1. Todas las regiones turísticas, excepto Madrid, son marítimas; de ahí la importancia del mar como factor de atracción en la elección de los destinos turísticos.

2. La oferta se concentra especialmente en las provincias insulares que son el asiento de casi el 40 por 100 de las plazas hoteleras. El archipiélago balear, concretamente, alcanza la densidad de oferta provincial más alta del Estado, casi 46 plazas de alojamiento hotelero por cada km^2 (equivalente a 27 veces la densidad media de toda España), más otras 15 plazas/km^2 de la oferta complementaria.

3. Un alto índice de uso de los establecimientos en las regiones de mejor clima. Las Canarias, con más del 62 por 100 de ocupación hotelera anual, es la región que presenta una mejor disposición para el turismo durante todo el año. La Costa del Sol y la Costa Blanca mues-

CUADRO 4.1

*«Ranking» de las 10 primeras provincias en equipamiento
y demanda turísticas (1986).*

Provincia	Total de plazas registradas	En hoteles	Pernoctaciones en hoteles	Indice de uso (*)
Baleares	301.583	228.742	38.760.258	46,4
Gerona	158.367	74.353	7.910.626	21,3
Barcelona	133.771	64.176	7.648.336	32,2
Málaga	94.277	49.942	9.471.497	52,0
Alicante	73.566	49.618	10.603.451	58,5
Madrid	83.270	48.510	7.815.544	44,1
Tenerife	68.851	42.850	10.248.616	65,5
Las Palmas	122.742	34.840	7.897.381	62,1
Tarragona	105.312	22.837	2.780.005	33,4
Valencia	36.854	14.394	1.366.861	26,0

(*) El índice de uso se refiere al porcentaje de pernoctaciones sobre la capacidad de los establecimientos considerando que los mismos estuvieran abiertos 365 días al año.

FUENTE: INE. Secretaría de Estado para el Turismo. Elaboración del autor.

tran también su particular superioridad climática. Las Baleares, por el contrario, sufren más las congestiones puntas de la temporada estival, pero, una importante parte de su oferta permanece ociosa durante la temporada invernal.

4. La existencia de una oferta ociosa, especialmente significativa en la provincia de Gerona, mediatizada por la proximidad geográfica de las tierras europeas, alcanza un alto grado de ocupación durante los períodos vacacionales (más del 80 por 100 durante el mes de agosto), pero muy bajo en los meses laborales (inferior al 20 por 100 durante el mes de noviembre).

La zonificación de la oferta y la valoración del uso que se hace de la misma nos permiten distinguir entre *regiones turísticas, turísticas de temporada* y *especialmente turísticas,* delimitadas en el mapa de la Fig. 4.1.

4.1.1. De turismo de temporada

La estacionalidad es una de las más importantes preocupaciones del sector turístico. Determinadas regiones, que gozan de una fuerte demanda durante los períodos vacacionales, sufren abandonos masivos durante la mayor parte del año; para dar respuesta a los regímenes de ocupación inherentes a la

Figura 4.1. La regionalidad turística.

situación descrita, muchas empresas turísticas limitan su oferta a la temporada estival o, a lo sumo, al régimen vacacional de los países que le proporcionan el flujo más importante de turistas.

El número de visitantes llegados mensualmente a España puede variar
en la proporción 1/5 (diferencia existente entre febrero y agosto), y ello tiene su traducción en la ocupación que se hace de los servicios turísticos.
Pero, además, los flujos de la demanda se dirigen de una forma mucho más
polarizada en los meses de la temporada baja; mientras que, en Tenerife,
la proporción entre el mes de más alta ocupación de la oferta y el de más
baja oscila entre 8 y 6, en la Costa Brava, va de 18 a 1, y, en Tarragona,
de 30 a 1.

Tratando de reproducir un modelo que nos permita diferenciar entre regiones con continuidad turística a lo largo de todo el año y aquellas otras
que sufren una fuerte estacionalidad, hemos elegido una línea de demarcación, arbitraria, pero relacionada con los valores medios de la demanda turística en España. Primero hemos distinguido entre *provincias turísticas* y
otras que no pueden ser consideradas como tales; para nuestro criterio, serán áreas turísticas aquellas que tienen una densidad de oferta turística doble a la media del territorio nacional, o que poseen esa misma relación en-

tre oferta y población, o que soportan una densidad de demanda doble a la media del país. Las provincias turísticas así delimitadas pertenecerán a las áreas del turismo de temporada si la estacionalidad en ellas es superior a la de la media calculada para todo el territorio, que, como ya habíamos señalado, va de 1 a 5.

De acuerdo con esos parámetros hemos construido el mapa de la Fig. 4.1, en el que puede observarse:

1. Sólo las provincias de Alicante, Baleares, Barcelona, Gerona, Madrid, Málaga, Las Palmas, Santa Cruz de Tenerife y Tarragona, pueden considerarse turísticas, según el criterio de la densidad espacial de la oferta. De ellas habría que escindir Barcelona y Madrid, si lo hacemos con la restricción adicional de la oferta en relación a la población total.

2. Pueden considerarse provincias de turismo de temporada, Baleares (que duplica el número de visitantes extranjeros en julio y agosto, con respecto a los que recibe en febrero), más aún Gerona y Tarragona (esta última es la provincia que una mayor estacionalidad arroja dentro del ámbito geográfico del turismo español), que triplican y quintuplican largamente la estacionalidad media del turismo en España, e incluso Barcelona, que se encuentra débilmente por encima de la estacionalidad media del país.

3. La estrecha multirrelación existente entre el régimen térmico, la proximidad geográfica a Europa, el volumen de población de la provincia y la importancia relativa del turismo de temporada. Con esos componentes, el turismo de temporada se circunscribirá en España a la Región Catalana y a las Baleares, aunque, en el caso de la última región, y debido a la importancia de sus cifras absolutas, podría encuadrarse entre las provincias de turismo estabilizado.

4.1.2. De turismo estabilizado

Las regiones turísticas que no pierden su dependencia económica y social del fenómeno en razón de la estacionalidad, pueden ser catalogadas como provincias de *especial atractivo turístico*. A éstas, todavía se las puede incluir un nuevo matiz según se trate de *un espacio residencial* (caso de la Costa del Sol o la Costa Blanca), o de un *lugar de visita* (como ocurre en ciudades como Granada, Toledo o Sevilla).

a) En visitas puntuales: Por su tradición histórica y patrimonio cultural, en unos casos, o por los especiales atractivos derivados de una adecuada promoción turística, existen lugares que resultan paso obligado en cualquier programa turístico. Granada, Córdoba y Sevilla por sus monumentos de tradición musulmana, Toledo por su ecumenismo cultural y por su viejo sabor de ciudad medieval, o Madrid, por hallarse en el cruce de los caminos internacionales que unen Iberoamérica con el continente europeo o por atesorar los más importantes vestigios culturales de la historia reciente de nuestro pueblo, son núcleos de atracción y obligados puntos de llegada de los circuitos y recorridos nacionales del turismo que nos visita.

b) En estancias prolongadas: La pernoctación hotelera media del turista extranjero en España no es muy alta, sólo alcanza a las 3,0 estancias por turista/año; pero, como las estimaciones aseguran que la proporción de pernoctas extrahoteleras con respecto a las hoteleras es de 2,6 a 1, podríamos presumir que la estancia media del turista que nos visita es de 10,8 días. La mayor parte de las personas que hacen turismo eligen un determinado lugar para pasar sus vacaciones y a él se encaminan. Los lugares mayoritariamente preferidos para esas estancias, cualquiera que sea la época del año, son los centros privilegiados del turismo estable.

Las dos provincias canarias gozan de una envidiable posición por la estabilidad en la demanda de su oferta turística; su buen clima invernal (los 17,4° C del mes de enero, que es el más frío en Tenerife, así lo avalan) en relación con la crudeza térmica de las tierras de la Europa Nórdica y Central son la base de su atractivo. Pero, además, los canarios han sabido sintonizar con el calendario vacacional de los europeos: los carnavales, que proporcionan un corto período de descanso laboral a los europeos, son la principal y más promocionada fiesta de las Islas.

Las provincias de Málaga y Alicante suben de los 11° C como temperatura media del mes más frío, lo que les ha permitido el promocionarse en Europa como tierras cálidas, propias para el establecimiento de colonias de jubilados o de rentistas que no están sometidos a una dinámica vacacional estricta y rígida. Cualquiera de las dos provincias tiene una colonia permanente de extranjeros que mantienen operativos muchos de los servicios turísticos que se verían irrevocablemente condenados al cierre de no contar con la fidelidad de este turismo extratempóreo. La Costa del Sol malagueña sobrepasa a la Costa Blanca alicantina en la ocupación invernal y, en números absolutos, alcanza tanta ocupación turística durante la temporada baja como la provincia de Las Palmas durante la temporada alta.

Madrid escapa a cualquier tipo de análisis efectuado con la óptica tradicional de las consideraciones del turismo vacacional; la capitalidad administrativa y financiera del Estado le confieren una posición de privilegio como centro de llegada de personas provinentes del mundo de los negocios; la internacionalidad de su aeropuerto, en el que hacen escala la mayor parte de los vuelos transoceánicos procedentes del Centro y del Sur de América con destino hacia Europa, hacen el resto. La estacionalidad apenas se deja sentir en la demanda, compensándose la bajada invernal del turismo internacional con la mayor demanda del turismo nacional durante esa misma época. Madrid aloja en sus establecimientos hoteleros tantos turistas extranjeros durante el año como Málaga y dobla a los de la provincia de Las Palmas. Más de 1.300.000 turistas pasaron y pernoctaron en Madrid durante 1986.

4.1.3. Los refugios de la «Jet»

Una porción muy reducida de la sociedad internacional practica un tipo de turismo-exposición caracterizado por una actividad febril en busca de la diversión, de la extravagancia y del protagonismo social. Parte de la aristocracia, la alta burguesía, el mundo del espectáculo y otros grupos no muy bien definidos, configuran este colectivo que se complace identificándose como la «Jet Society». Gozan de un alto poder adquisitivo y, sobre todo, tienen un enorme gancho popular, por lo que se convierten en un aliciente y un atractivo de los lugares en los que pasan sus vacaciones. Las revistas ilustradas se ocupan de popularizar sus hábitos, de mostrar los lugares que frecuentan y de difundir el nombre de los mismos, aún lejos de nuestras fronteras. La «Jet» se ha convertido en el principal instrumento de la promoción turística de determinados rincones de nuestra geografía; pero, también, en un importante factor de la modificación de la infraestructura de la oferta, ya que su poder adquisitivo y sus deseos de singularidad demandan un producto y unos servicios de muy alta cualificación.

Desde el punto de vista económico, el turismo-exposición, es sumamente rentable, y el inversor turístico trata de atraerlo hacia los lugares en los que tiene intereses. Sin embargo, por el momento, su presencia masiva se detecta solamente en dos centros bien definidos, Marbella e Ibiza, que se han convertido así en exponentes del turismo español. En torno a estos núcleos aparecen nuevas urbanizaciones de lujo, nuevos servicios de alta cualificación, un mayor flujo de visitantes y una mayor afluencia de inversores.

Desde el punto de vista geográfico, estos espacios tienen un enorme interés didáctico, pues sirven para investigar la difusión de las modificaciones turísticas a partir de determinados núcleos innovadores, al estilo de los modelos de Hägerstrand. En torno a «Puerto Banús», en Marbella, se concreta un núcleo de especial cualificación turística, y al amparo del éxito alcanzado por el mismo, se levantan otras instalaciones que buscan un protagonismo emulador de aquél; Estepona hacia el oeste y Fuengirola y Benalmádena hacia el este, siguiendo en la misma línea de la costa, pretenden seguir los pasos. A pesar de todo, por la misma naturaleza de la «Jet» que pretende ser restringida y singular, los refugios turísticos de esta clase protagonista no podrán extenderse indefinidamente, aunque sus preferencias pueden cambiar con las modas: salvando las distancias de todo tipo, el actual papel de

Ibiza, ya fue representado por San Sebastián y Santander en el
e cara al futuro podrían ser desplazadas o compartidas por el
n Canaria, Lanzarote o la Costa de Almería.

4.1.4. Los espacios recreativos del turismo nacional

En la medida en que crecían las rentas y el nivel de desarrollo de los españoles, a partir de la década de los 60, el consumo del turismo nacional fue aumentando, y su práctica generalizándose. Los grandes centros industriales del país actuaron como áreas de emisión de turistas y los entornos naturales de esos espacios se configuraron como áreas de recreo y esparcimiento. El norte de la provincia de Madrid («la Sierra de Madrid») desarrolla su capacidad de acogida y, las segundas residencias se generalizan en torno a una serie de centros de deportes de invierno; algo parecido ocurre en el Pirineo Catalán, a donde llegan los barceloneses para ocupar el tiempo de ocio durante los fines de semana. En la década de los 80 no hay una población con más de 100.000 habitantes que no tenga en sus proximidades un área de expansión que pueda ser considerada como recreativa o turística; el fenómeno está generalizado. Aun así, para los períodos vacacionales más largos, las familias tienden a desplazarse hacia las costas y confluyen en los mismos lugares a los que arriba el turismo internacional.

Sin apenas excepciones, los turistas nacionales, ya sean originarios del interior o de las provincias costeras, prefieren cualquier playa como lugar donde pasar sus vacaciones. Las costas españolas empiezan a identificarse con nombres propios y sus denominaciones alcanzan renombre fuera de nuestras fronteras: la Costa Brava (Gerona), la Costa Dorada (Barcelona y Tarragona), la Costa del Azahar (Castellón y Valencia), la Costa Blanca (Alicante y Murcia), la Costa de Almería, la Costa del Sol (Granada y Málaga), la Costa de la Luz (Cádiz y Huelva), las Rías Bajas y Altas (Galicia) y la Costa Verde (Asturias), son claros ejemplos de la comercialización turística del litoral peninsular; las islas continúan siendo espacios reservados a los privilegiados.

No obstante, las grandes corrientes del turismo nacional no fluyen generalizadamente por los mismos caminos y hacia los mismos lugares que las del turismo internacional; existe menos tendencia hacia las costas cálidas; las costas gallegas reciben más turismo nacional estival que la Costa del Sol o la Costa Blanca, y en su conjunto, el litoral de la mitad septentrional de la Península, ocupa su oferta, en casi un 90 por 100, con la demanda turística interna, paliando así su débil posición ante el turismo foráneo.

Las Rías Gallegas, la Costa Verde y la de Cantabria, el Pirineo Aragonés y el Catalán, la Costa del Azahar y la Costa de la Luz son ocupadas, en una altísima proporción, por los nativos; aunque la Costa Dorada, la Costa Blanca y la del Sol continúan siendo importantes focos de atracción para el turismo interno.

La modalidad de ocupación difiere, también, en relación con la profesionalización existente en los centros de acogida del turismo exterior; la segunda residencia o el apartamento no turístico se convierten en las principales formas de albergue, y la vida familiar sólo se permite pequeñas licencias para comer, de cuando en cuando, en algún restaurante, o para visitar esporádicamente algún centro de divertimento y recreo.

4.2. El papel del turismo en la ordenación del espacio

Por ser un fenómeno eminentemente espacial y de una gran importancia económica, el turismo se convierte en un gran modificador del paisaje y en factor básico del ordenamiento espacial de las áreas en las que se encuentra presente. No hay que olvidar que los ingresos por turismo del Estado español representaron, durante 1986, casi el 45 por 100 del total de las exportaciones, que dobló la capacidad de financiación de nuestra balanza comercial durante ese mismo año, que dio empleo (directo o indirecto) a más del 11 por 100 de la población ocupada en España y que su volumen de negocios cuadruplicó a la producción del sector del calzado y del vestido, o triplicó el valor de las exportaciones de nuestra pujante industria automovilística. Todo ese potencial ha de sentirse en el espacio de muy diversas formas: *en las redes del transporte, en la ordenación territorial de las zonas turísticas y en las políticas urbanísticas,* además de influir, directa o indirectamente, en el acondicionamiento del medio ambiente y de actuar como factor básico en la calidad de los entornos ecológicos; el turista suele demandar un estándar paisajístico de alta calidad.

4.2.1. Como inductor de modificación en las redes del transporte

Las redes del transporte terreste en España, diseñadas durante la época del centralismo borbónico, cuando las costas sólo representaban puntos de llegada del débil tráfico procedente del exterior, no están en condiciones de satisfacer una demanda que tiende a hacer de las costas espacios geográficos a recorrer.

El auge turístico experimentado en España en los últimos 25 años se ha convertido en el principal factor de cambio para la política del transporte. La distribución radial de las redes de carreteras y ferrocarriles precisan de una urgente potenciación del sistema complementario de una desarrollada red periférica, que rodee el perímetro litoral de la Península. Los grandes núcleos turísticos precisan de una buena accesibilidad, que sólo pueden conseguir con un transporte denso y vario. Cuando comienza la afluencia del turismo europeo hacia nuestras playas mediterráneas, la Nacional 340 se ve incapaz de absorber el tráfico automovilístico que atraviesa los puestos fronterizos de los pasos orientales de los Pirineos; urge la necesidad de construir una vía rápida que resuelva el problema, y así se concibe la Autopista del Mediterráneo, que se configurará como el cordón umbilical que une las áreas receptoras con los centros emisores de Europa; el proyecto quedó paralizado durante los 80 y como consecuencia de elllo el acceso ha tenido que diversificarse, sobre todo a favor del transporte aéreo, que sirvió de medio de transporte al 24,9 por 100 de los turistas en 1981 y al 29,8 por 100 en 1986.

La red ferroviaria es bastante menos elástica para adaptarse a las demandas del turismo, habiendo quedado descolgada como medio utilizado por nuestros visitantes de fuera; únicamente en el turismo nacional, el ferrocarril tiene alguna significación y su importancia aumenta de año en año, aunque lentamente. Mientras que en Francia el ferrocarril es utilizado por el 12 por 100 de los turistas y en Italia por el 10 por 100, en España no se llega al 6 por 100; ello aumenta más aún la importancia del avión como medio alternativo. Más de 14 millones de visitantes llegaron a España, durante 1986, arribando a alguno de sus aeropuertos turísticos: Palma de Mallorca, Málaga, Madrid, Las Palmas, Tenerife y Alicante recibieron entre 3,5 millones (el primero) y 1 millón de turistas (el último), ocupando los primeros puestos del tráfico turístico europeo.

El tráfico portuario se mantiene estable, pero a unos bajos niveles, que representan, en términos relativos, la mitad de la recepción turística de Francia; pero, el incremento de la calidad del turismo durante los últimos años ha actuado como un activo modificador de nuestra red de puertos deportivos; en sólo un año, entre el 1985 y el 1986, el número de puntos de amarre de embarcaciones turísticas ha aumentado en casi un 25 por 100 pasando de los 50.002 puntos a los 62.285.

En síntesis puede decirse que el turismo ha influido, o va a influir, de una forma decisiva en la configuración de nuestra futura red viaria:

1. *Potenciando la red periférica de carreteras* y sustanciando la red de autopistas y autovías nacionales, en un intento de conectar todos los centros turísticos del Mediterráneo con los puestos fronterizos de los Pirineos. Los pasos fronterizos del extremo occidental tienen también un acceso rápido a través de la autopista de Bilbao a Barcelona.

2. *Impulsando unos ferrocarriles de alta velocidad en conexión con la red europea,* lo que potenciará el acceso del turismo juvenil desde las regiones centroeuropeas. La saturación de nuestra precaria red de carreteras, sobre todo en períodos vacacionales, se ha convertido en el principal factor de la política ferroviaria. En el futuro habrá que de-

sarrollar un transporte ferroviario de alta frecuencia en las zonas o regiones de fuerte densidad turística, como ocurre en la costa de Málaga a Estepona, entre Barcelona y Cambrils, entre Benidorm y Torrevieja, o entre Las Palmas y Maspalomas.

3. *Desarrollando y modernizando nuestra red de aeropuertos,* al tiempo que se potencie el vuelo irregular, o «charter», que abarata los costes y adapta la frecuencia de los vuelos y la configuración de los itinerarios a las exigencias de la demanda. La conexión, mediante vías rápidas, de los aeropuertos con los grandes núcleos turísticos tiene una importancia funcional de primera magnitud para el turismo de alta capacidad económica.

4. *Multiplicando nuestra capacidad portuaria en la recepción de embarcaciones recreativas y deportivas,* que representan el mejor atractivo del turismo de gran capacidad adquisitiva y que impulsan nuevas formas urbanísticas en torno a las áreas litorales. En última instancia, los puertos deportivos acaban por configurar nuevos centros turísticos y por desarrollar nuevas redes locales de transportes en torno a ellos.

Descendiendo al nivel del análisis de lo concreto, la Autopista del Mediterráneo, la Autovía de la Costa del Sol, la Autovía de Puerto de la Cruz a los Cristianos (pasando por Santa Cruz de Tenerife), o la que une Palma Nova con El Arenal a lo largo de la costa de la Bahía de la Palma en Mallorca, están al servicio de una intensa y creciente demanda turística, pero han servido también para atender al desarrollo de las comarcas o regiones que recorren y han contribuido a la transformación de los espacios humanos que sirven. La política ferroviaria no ha efectuado realizaciones específicas que puedan ser contabilizadas en el haber de la actividad turística, aunque, para dar servicio a la demanda turística nacional, durante los períodos de vacación se refuerza el número de plazas ofertadas en determinados itinerarios. Y, por lo que respecta a la red nacional de aeropuertos civiles, aproximadamente la mitad de los pasajeros que han transitado por ellos durante 1986 han sido turistas extranjeros; los aeropuertos de Palma de Mallorca, Málaga, Tenerife Sur, Alicante, Ibiza, Gerona, Almería y Reus son utilizados por el turismo exterior en una proporción superior al 70 por 100, y los de Las Palmas, Menorca y Arrecife en un porcentaje superior al 60; todos ellos pueden ser considerados como aeropuertos turísticos, estando su capacidad operativa estrechamente ligada a la demanda de los transportes turísticos.

4.2.2. Como acondicionador del espacio

Hace 30 años apenas existían núcleos turísticos en España; si exceptuamos las Islas Canarias y Mallorca, sólo encontraríamos pequeños núcleos de pescadores a lo largo de toda la Costa Mediterránea. En tres décadas esos núcleos han sido transformados hasta lo inimaginable y, en muchos casos, resulta casi imposible el reconocer las huellas de su pasado. Todo ello ha exigido un importante esfuerzo adaptador para dar acogida a las sucesivas oleadas de turistas que llegaban a disfrutar de las playas, de un buen clima y de unos precios muy bajos. Las transformaciones afectaban a las construcciones, que han crecido a un ritmo endiablado, sin respeto alguno hacia los paisajes, a las playas que se han visto reconducidas y modificadas en sus ciclos naturales, y a los espacios naturales que han sido convertidos en espacios colonizados para el recreo o, incluso, para su parcelación urbanística.

Así el turismo ha actuado como importante factor de las ordenaciones territoriales, dejando sentir su impacto, de una forma desigual en diversos ámbitos.

A) En torno a las zonas de alta densidad turística: Cuando la concentración de la oferta es muy alta a lo largo de espacios que sobrepasan la demarcación de un solo núcleo de población o de un término municipal, puede hablarse de una zona turística. Pueden considerarse zonas de alta densidad turística la Bahía de Palma, la Costa Brava desde Lloret de Mar hasta Palamós, la Costa del Sol desde Málaga a Estepona, la Costa Blanca desde Alicante hacia Benidorm, el sur de Gran Canaria desde Tenerife hasta Maspalomas, y la Costa Dorada desde Torredembarra a Cambrils. En todas ellas y en función de la densidad turística se han operado irreversibles transformaciones del espacio que pueden concretarse en:

1. *Una alta densidad de construcción,* que puede compararse en algunos lugares con la de los barrios más populosos de las ciudades; Benidorm, El Arenal o Torremolinos tienen el mayor volumen edificado por hectárea de todas las costas europeas. La construcción supone especulación del suelo y ello suele traer como consecuencia un fuerte desprecio de los valores paisajísticos en favor de los intereses inversores. La construcción en vertical frente a la línea de costa se interpone como una enorme pantalla entre el mar y la tierra.

2. *Una mejora sustancial de las redes de transporte,* ya que la accesibilidad del área es una componente esencial para la ocupación turística. Las redes modificadas han de ser tanto las del acceso a las zonas turísticas como las internas del propio espacio; los aeropuertos (en el caso de Mallorca y Gran Canaria), la autopista (en Gerona, Tarragona y Alicante), o ambos combinados (en el caso de la costa malagueña) sirven como vías de acceso desde el exterior; mientras que una tupida red de carreteras y caminos secundarios comunican las diferentes urbanizaciones entre sí y con las arterias básicas del tráfico.

3. *Un ordenamiento especial de los espacios adyacentes* que se convierten en superficies recreativas, como parques o complejos deportivos, o en superficies vegetadas, modificadas con marcada preocupación estética, catalogadas como «espacios verdes». Unas y otras son el complemento necesario de la oferta turística y crecen en la medida en que aumenta el volumen de las zonas turísticas y la capacidad de consumo de los turistas. Los parques de atracciones, los parques de agua, o los campos de golf pueden incluirse dentro del capítulo de los espacios adyacentes modificados. La Costa del Sol ha sido el ámbito turístico español que más intensamente ha modificado su entorno, en parte gracias a la existencia de una demanda turística de calidad, muy localizada en torno a Marbella, y en parte como consecuencia de la buena disposición fisiográfica (abierta al mar y resguardada por una alineación montañosa al norte que le servía como colectora de aguas en una región fuertemente deficitaria).

B) En torno a los centros de interés turístico: Los centros de interés turístico son aquellos núcleos que se significan por el peso que la actividad turística tiene en su economía, o por un atractivo especial que les convierte en punto de arribada o visita de todos los itinerarios turísticos que puedan conformarse desde las regiones próximas. Aunque el impacto espacial no sea tan extenso como en las zonas turísticas, puede, sin embargo, llegar a ser tan intenso como en aquellas, y sus efectos se dejan sentir de forma muy clara:

1. *En la ordenación de la actividad económica* que se polariza sobre el sector terciario en las ramas del comercio y la hostelería, como ocurre en Toledo, Córdoba, Granada o Sevilla, ciudades de rica tradición histórica y renombre universal, que se encuentran en todos los programas de viajes turísticos organizados en el interior del país.
2. *En el reordenamiento urbano de los centros históricos* que son adaptados a la nueva funcionalidad económica, al servicio de una demanda de productos típicas de la artesanía local, de «souvenirs» de toda clase y de establecimientos de albergue y restauración.
3. *En la ocupación de las periferias* que se urbanizan y se pueblan de segundas residencias o de establecimientos hoteleros para dar satisfacción a una demanda de corta duración, pero de alta frecuencia.
4. *En la mejora de la accesibilidad,* aunque, por el momento, éste sea el aspecto menos desarrollado en torno a los grandes centros de interés turístico. La demanda no siempre se ve atendida, por lo que las auténticas posibilidades de estas áreas están por explorar. En muchos casos la accesibilidad se convierte en factor determinante de la utilización turística de un espacio, como ocurre en los centros de depor-

tes de invierno, que no pueden ser ocupados sin la existencia de un buen servicio de transportes que asegure la viabilidad de los traslados.

Los centros de interés turístico son bastante abundantes en nuestra geografía, pero la insuficiente planificación de su oferta y las dificultades de unos accesos deficientes, actúan como factores negativos para la divulgación de la mayor parte de esos lugares. Quizás su mayor problema sea el aislamiento y la falta de interconexión entre ellos y las grandes áreas del turismo, pero pueden actuar como polarizadores de un futuro desarrollo turístico a partir de su núcleo, sobre todo si se consolidan como foco de atracción del turismo nacional y si éste sigue creciendo al amparo del desarrollo económico del país.

C) En las periferias de servicio: Cada centro o zona turística precisa de un área de servicio que sobrepasa los límites estrictos del espacio en el que se asientan los establecimientos que sirven de estructuradores de la oferta. Los abastecimientos básicos, agua y alimentos, les llegan de ese área de servicio, que provee también la fuerza laboral y hasta las superficies de expansión y evasión. Todo gira en estos espacios en torno al fenómeno que se vive más allá de él mismo y, en la misma medida que depende del turismo se ve modificado por el mismo. Las principales transformaciones inducidas en estas periferias serán:

1. *Las que se producen en el entorno natural,* como la construcción de pantanos y canales de distribución para el abastecimiento de aguas a los núcleos turísticos, el establecimiento de canteras para proporcionar materiales de construcción, los movimientos de tierras para construir nuevas líneas de transporte que favorezcan los accesos al área, o la repoblación y el acondicionamiento de los montes para dar acogida a los excursionistas que deseen disfrutar de la naturaleza.
2. *Las inducidas en el entorno socio-económico,* como la revalorización de las tierras y de los campos de cultivo, la potenciación de la actividad primaria al servicio del consumo en fresco y de la demanda de un mercado inmediato, la estacionalidad del trabajo que conforma bolsas de mano de obra espectante en torno a la temporada alta de turismo.

Todas las grandes áreas turísticas de España poseen su periferia de servicio que será tanto más modificada cuanto más próxima esté. Alguna de éstas puede encontrarse realmente alejada del foco turístico, como ocurre en Mallorca e Ibiza que obtienen una parte muy importante de su abastecimiento desde el Levante peninsular; otras lo tienen muy próximo, como ocurre en la zona de Alicante-Benidorm, que localizan su influencia en las sierras que se extienden a sus espaldas y en los llanos litorales de las comarcas centrales y meridionales de la provincia de Alicante; y otras, como las de la Costa Brava y la Costa Dorada, se extienden hacia el interior, alcanzando a las comarcas de economía primaria de Cataluña y a parte del valle del Ebro.

4.2.3. Como regenerador de la preocupación por el medio ambiente

El turista suele proceder de un entorno económico en el que la calidad de vida se siente como una preocupación básica en la sociedad; cuando trata de consumir su tiempo de ocio en un ámbito diferente al suyo habitual, exige, como mínimo una calidad medioambiental semejante a la que disfruta en su vida diaria. La oferta ha de dar una respuesta adecuada a esa exigencia y, ya en la década de los 80, hemos podido observar como la estética paisajística, las construcciones integradas en los paisajes y el respeto, e incluso preocupación, por regenerar los espacios naturales en degradación, se han convertido en una constante de la oferta. Esto se observa claramente en todo el litoral mediterráneo, pero especialmente en la Costa del Sol, que se erige como auténtico vergel en un área en que la desertización avanza a pasos agigantados cada año.

El turismo, que pudo ser en el pasado (durante las décadas de los 60 y los 70) un factor desestabilizador y depredador de la naturaleza, hoy se ha convertido en su más fiel aliado. La especulación del suelo sigue existiendo; pero, ya no se puede ofrecer sólo suelo urbanizable, sino que, paralelamente, han de ofrecerse espacios vegetados, que surgen de donde antes existía únicamente el erial. El *regeneracionismo naturalista* se deja ver en pequeños enclaves de las costas de Lanzarote y Fuerteventura, donde antes se enseñoreaba el desierto; en el sur de Gran Canaria y de Tenerife, al amparo de unas maravillosas playas hasta hace poco inexplotadas, y alternándose con otras de mayor tradición turística que resultan la antítesis de las colonizadas recientemente. Puede observarse en un buen número de espacios turísticos de Estepona, Marbella y Fuengirola, en la Costa del Sol, aunque en abierta contradicción con los núcleos poblacionales levantados en la misma costa, junto a las playas, como ocurre en Benalmádena y Torremolinos.

Varios son los componentes que han intervenido en el cambio que se ha producido en la interrelación turismo-naturaleza dentro de la geografía española:

- *El paso de la dictadura a la democracia* y el consecuente aumento de la capacidad crítica de los ciudadanos, por lo que ya no se puede actuar a espaldas de los intereses generales de la sociedad.
- *La competencia turística de otras áreas mediterráneas* que hoy son más baratas que España (tal es el caso de Túnez y Marruecos), lo que

obliga al sector turístico de nuestro país a orientar su oferta hacia un estrato social más exigente, ya que no puede tratar de competir en precios con regiones de nivel salarial mucho más bajo.

- *La creciente conciencia ecologista de las sociedades desarrolladas,* tanto por parte de los demandantes como de los ofertantes, con lo cual lo natural se ha convertido en un bien en alza, por lo que hay que tender hacia ello.

- *La generalización de la economía liberal,* que ha favorecido la competitividad empresarial, la diversificación de las ofertas y la cualificación de los servicios, por lo que se hace necesario el dar siempre un poco más; el dar más en el espacio se concretiza en la calidad del medio natural y en la calidad técnica de las construcciones y los servicios que se ofertan.

4.3. El potencial turístico de las Comunidades Autónomas

Con la nueva configuración autonómica del Estado español, las nuevas administraciones regionales se han visto en la necesidad de evaluar la importancia estadística del fenómeno turístico en sus respectivos territorios, para poder construir sus políticas en función de las dependencias y aportaciones que el sector represente para las nuevas economías autónomas. Hasta ahora, esta actividad se evaluaba a nivel estatal y sus resultados globales formaban parte de los datos macroeconómicos del Estado. En el momento actual, las políticas territoriales particulares han de proyectarse en función de los intereses regionales, y por ello consideramos de sumo interés el poder ofrecer una imagen de la incidencia del turismo en cada Comunidad Autónoma, cuya síntesis presentamos en el Cuadro 4.2.

4.3.1. Análisis comparativo de la oferta y la demanda regionales

- Obviamente, la **Comunidad de Baleares** es la que mayor potencialidad turística posee, tanto por el número de plazas ofertadas como por la demanda final de las mismas y por la densidad espacial de la oferta. Su economía es también la más dependiente del turismo que da ocupación directa a casi el 50 por 100 de su población activa, alcanzando el 61 por 100 durante el mes de agosto. No obstante, la estacionalidad de la demanda es la causa de la relativa baja utilización de su potencial; cada plaza hotelera sólo se ocupa, como promedio, 169 noches al año, mientras que en las Canarias durante 234 noches, y en la Comunidad Valenciana 173.

CUADRO 4.2

La oferta y la demanda turística en las comunidades autónomas. (Año 1986)

Posición ordinal por plazas oferta	Plazas Hoteleras	Pernoctaciones	Noches ocupadas/ Plaza hotelera
Baleares	228.742	38.760.258	169
Cataluña	174.752	19.304.263	110
Andalucía	107.606	17.127.036	159
Canarias	77.690	18.145.997	234
Valencia	74.985	13.001.712	173
Madrid	48.510	7.815.544	161
Castilla-León	32.362	3.026.917	94
Galicia	28.635	2.710.530	95
Aragón	21.220	1.878.950	89
Castilla-La Mancha	13.461	1.245.518	93
País Vasco	11.648	1.435.139	123
Cantabria	10.736	944.394	88
Murcia	10.114	1.418.636	140
Asturias	8.319	822.756	99
Extremadura	7.492	810.327	108
Navarra	5.613	551.881	98
La Rioja	2.949	308.705	105
España	**864.834**	**129.514.096**	**150**

FUENTE: Secretaría General de Turismo y elaboración del autor.

• **Cataluña** es la segunda Comunidad en potencialidad turística tanto por la capacidad de su oferta como por la utilización global de la misma; sin embargo, la incidencia del sector en su economía no supone el mismo impacto del alcanzado en el resto de las regiones turísticas españolas, en función de la importancia alcanzada por el resto de los sectores económicos. Aunque no exista una conciencia popular de ello, la región catalana posee el 20 por 100 de la oferta hotelera española de todo el país y el 16,8 por 100 de la extrahotelera. El nivel de ocupación de la oferta es bajo, lo que se explica por el importante número de plazas localizadas en las estaciones de invierno del Pirineo (el nivel de uso de las plazas hoteleras de la provincia de Lérida queda por debajo de la mitad de la media de España) y por la estacionalidad de la demanda sobre las plazas de la Costa Brava que sólo se ocupan durante los períodos vacacionales.

• **Andalucía** es la tercera Comunidad en el «ranking» de las regiones españolas por el volumen de su oferta hotelera, y la primera por el de su oferta extrahotelera (con casi el 20 por 100 de las plazas), pero su dependencia del sector es mucho mayor. La postración económica de la región, su elevado índice de paro (un 50 por 100 más alto que el nivel medio registrado en España) y las pocas alternativas laborales, han hecho del turismo la tabla de salvamento a la que se aferran tanto las autoridades políticas de la Comunidad como los trabajadores que esperan con ansia la llegada de la temporada alta para conseguir su deseada ocupación. El grado de ocupación de la oferta andaluza es bastante más elevado que el de Cataluña, y superior al de la media de España, pero queda por debajo del índice de Baleares, la Comunidad Valenciana o de Madrid, ya no digamos de Canarias; lo que sólo puede explicarse por la falta de promoción de su oferta de invierno y porque no existe un mercado externo definido, que sienta una inclinación especial por Andalucía.

• Las **Islas Canarias** son la cuarta Comunidad Autónoma por la capacidad de su oferta, aunque ocuparían la tercera posición por los servicios ofrecidos en razón de una demanda regular durante la mayor parte del año, y la primera posición por el nivel de uso de su oferta (las plazas hoteleras de Tenerife son las más rentables de España y las de más alta productividad de las regiones turísticas de Europa, con 239 noches de ocupación al año, por encima del 65 por 100 de ocupación media). Por lo que respecta a su dependencia del sector, sólo se ve superada en cifras por la que padece o disfruta Baleares, pero en términos reales ésta puede llegar a ser dramática, ya que más del 50 por 100 de la población activa depende directa o indirectamente del sector y su capacidad económica no turística es, por el momento escasa.

• La **Comunidad Valenciana,** gracias a la potencialidad de la provincia de Alicante, ocuparía la quinta posición entre las Comunidades de mayor oferta turística, e igual posición por el uso global de sus instalaciones, aunque el índice de su uso (grado de ocupación relativa de los servicios) le sitúa en segunda posición, tras las Canarias. A pesar de ello, la capacidad industrial, agrícola y comercial de la región minimiza el valor relativo del sector y su participación en el PIB que queda por debajo de la media general de España (inferior al 9 por 100, mientras que en el Estado alcanzó el 9,6 por 100).

• La sexta posición, y la última entre las grandes regiones turísticas, es la ocupada por **Madrid.** El turismo es una parte sustancial de su paisaje urbano, aunque su significación económica no se corresponda con esa imagen; la capacidad industrial, comercial, financiera y administrativa de Madrid, son la causa de la baja relevancia económica del sector. El turismo de Madrid es del tipo itinerante, o de paso; quizás un paso obligado para muchos visitantes, sobre todo los que proceden del mundo americano, pero son pocos los turistas que deciden pasar su período vacacional, de una forma estable, en la capital de España.

La actividad turística en el resto de las regiones españolas es más una anécdota, sobre todo si la comparamos con la importancia general del sector a escala nacional. Sólo el 17 por 100 de la oferta se la localiza en las otras 11 Comunidades Autónomas, sobre un espacio que equivale al 68 por 100 de la superficie total del Estado; además, los niveles de ocupación media quedan muy por debajo de los nacionales, con sólo el 11,6 por 100 del total de la demanda nacional de servicios turísticos, siendo la mayor parte de ella de consumo exclusivamente nacional, por lo que tampoco hay una contribución apreciable a la captación de las divisas proporcionadas por el turismo extranjero. En este espacio geográfico se da también el índice más bajo de ocupación de la oferta (66 pernoctas anuales por plaza hotelera en la provincia del Teruel o 69 en la de Palencia, que equivalen a un 45 por 100 de la ocupación media del país).

4.3.2. La procedencia de la demanda y sus repercusiones

Siempre que se habla de la capacidad turística de una región se está haciendo referencia implícita a su disposición y grado de ocupación para y por el turismo internacional. Los grandes flujos del turismo extranjero sobre España siguen unas líneas muy bien marcadas que tendrán su incidencia en la composición de la demanda en las diferentes regiones turísticas. Si la demanda está muy polarizada sobre una categoría de demandantes, la debilidad del sector es mayor y esa fragilidad se traduce en incertidumbre de cara al futuro, a no ser que la oferta sea tan consistente que pueda recurrir a alternativas eficaces cuando se produzca un hipotético fallo en sus visitantes más asiduos; lo interesante es poseer una demanda plural, complementaria y con una amplia distribución geográfica de lugares de procedencia. En definitiva, puede decirse que el futuro de la planificación turística de las regiones españolas será tanto más halagüeño cuanto más variada sea su oferta y cuanto menos polarizada esté su demanda; aunque, analizado bajo la perspectiva del momento presente ese tipo de razonamiento pueda parecer cuestionable.

Para estudiar la importancia que puede alcanzar la procedencia de la demanda en la salubridad del sector a escala regional, que puede resultar altamente clarificadora para los responsables de las políticas y administraciones autonómicas, proponemos este nivel reflexivo:

A) **Cuando la demanda está polarizada:** Si en una región el sector turístico es parte muy significada de su economía, y son muchas las familias que dependen de su actividad, las autoridades deben luchar para que no se le escapen de las manos todas las posibilidades de controlar esa fuente de riqueza. Precisamente las regiones más dependientes del sector turístico, *Baleares y Canarias,* son las que una mayor polarización de la demanda soportan. La oferta hotelera de Baleares fue ocupada, durante 1986, en un 92 por 100 de sus efectivos por el turismo extranjero, la de Canarias en un 85 por 100, por lo que la supervivencia del sector está estrechamente ligada a la continuidad de esa demanda; por eso, en períodos de crisis internacional, de conflictos regionales o de depresión económica, la miseria sería la compañera común de estos pueblos. Pero, quizás lo más grave de esta polarización radique en la dependencia de uno o dos pueblos que se distinguen por ser los auténticos protagonistas de la demanda:

- Los ingleses representan el 45 por 100 de los consumidores de servicios hosteleros entre los extranjeros que visitan las Baleares, y los alemanes, el 32 por 100; por ello, cualquier suceso que disturbe la posibilidad del disfrute de vacaciones turísticas a cualquiera de estos dos pueblos supondría un fuerte revés para la economía del archipiélago
- Casi la mitad del turismo extranjero de la provincia de Tenerife es inglés y más de la mitad de la demanda en la provincia de Las Palmas procede de los turistas alemanes. Estos dos pueblos vuelven a representar en las Canarias casi el 70 por 100 del consumo de los servicios turísticos profesionales.

La fuerte concentración de la demanda en dos pueblos y un flujo tan direccionado hacia estas dos importantes regiones turísticas de España, favorece la actuación de las grandes agencias de viaje, que negocian la contratación de la oferta, en grandes paquetes, en representación de los demandantes, con lo que pueden adoptar posturas de fuerza que les proporcionan contratos muy ventajosos. Dos son las alternativas que pueden oponerse a esa dependencia, o la promoción de la propia oferta en otros mercados del exterior, para diversificar la demanda, o la inversión en «tour operadores» para captar la mayor parte del gasto efectuado por los turistas; ambas alternativas pueden complementarse con la potenciación del consumo turístico interno, para asegurar una estabilidad mínima al sector al margen de las veleidades de la política y la economía internacionales.

Sin embargo, la suerte actual del negocio turístico en estas dos Comunidades radica en el buen momento económico de ingleses y alemanes y en la ya arraigada tradición de su oferta en aquellas sociedades, por lo que, en la actualidad, la polarización de la demanda está resultando positiva para los intereses del sector; aunque resultaría conveniente planificar durante esta etapa de bondad turística para paliar las posibles dificultades del futuro y para resolver los desequilibrios observados.

B) Cuando la demanda es muy abierta: Los turistas proceden siempre de las clases acomodadas. Los países desarrollados poseen una amplia clase media que puede considerarse como acomodada, pues tiene capacidad económica suficiente como para poder permitirse una importante cuota de disfrute de su tiempo de ocio. Pues bien, la diversificación de la demanda entre un buen número de pueblos garantizará una cierta estabilidad de mercado y un mayor equilibrio en la utilización interanual de la oferta.

Andalucía, Cataluña, Valencia y, sobre todo, Madrid gozan de una diversificación en sus visitantes que les permiten contemplar su futuro con una cierta tranquilidad. En contrapartida no han alcanzado el volumen actual de demanda conseguida en los archipiélagos.

En la Fig. 4.2 podemos contemplar esa diversificación de la demanda que denunciábamos anteriormente y que se traduce en una serie de considerandos que transcribimos a continuación:

- La participación del turismo nacional es mayor que en Baleares y Canarias, pero sigue habiendo una cierta dependencia con respecto al turismo inglés, excepto en el caso de Madrid. Esa dependencia es más significativa en la Comunidad Valenciana, gracias a la fuerte presencia de los ingleses en la Costa Blanca.
- Madrid es una ciudad auténticamente cosmoturística y, por tanto, la más guardada ante posibles crisis circunstanciales o ante la retracción del turismo en alguna región política del globo. El turista de Madrid se halla entre los de mayor capacidad económica, y esa calidad repercute favorablemente en la economía de la Comunidad y en la cualificación y renovación de la oferta.
- Se marcan algunas preferencias curiosas, como las de los escandinavos por la Costa del Sol (al margen de su inclinación manifiesta por las islas), las de los americanos por Madrid y Andalucía, o las de los turistas procedentes de los Países Bajos por la Costa Blanca.

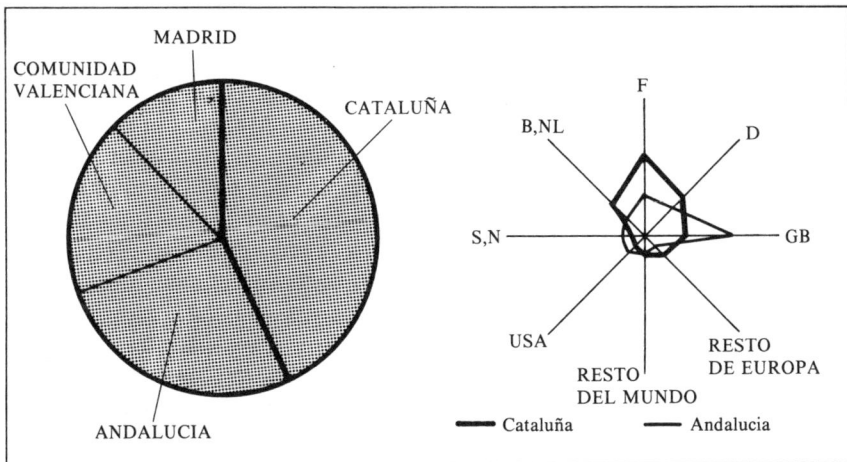

Figura 4.2 Distribución de la demanda del turismo extranjero en Andalucía, Cataluña, Comunidad Valenciana y Madrid. (Valores en %.)

- La escasa demanda de servicios efectuadas por los franceses, que son nuestros principales visitantes, si bien la mayor parte de ellos sólo atraviesan nuestras fronteras como «excursionistas» y no como «turistas-OMT». Los franceses se inclinan por la oferta extrahotelera por lo que las estadísticas no reflejan el auténtico peso de este colectivo.

C) Si predomina el turismo nacional: Cuando el turismo nacional es el predominante, no se deja sentir tan fuertemente la estacionalidad y la estabilidad del sector es más segura, como ocurre en Madrid. Las estimaciones sobre la importancia del turismo interno le evalúan una capacidad de consumo ligeramente inferior a la del turismo foráneo, aunque su demanda no queda reflejada con esa misma intensidad, de acuerdo con la demanda de la oferta profesional; ello es debido, fundamentalmente, a que el turista nacional suele utilizar la oferta extrahotelera y no acude a los servicios regulados a través de las agencias de viaje nada más que en contados casos, por lo que su actividad queda oscurecida a efectos de su contabilización por el sector.

En 41 de las 50 provincias españolas predomina el turismo nacional, existiendo áreas en las que éste es drásticamente mayoritario, como ocurre en el País Vasco, Cantabria, Asturias y Galicia, Comunidades en las que puede llegar a representar hasta más del 90 por 100 de la demanda turística. La poca tradición de un turismo nacional de masas, al que se ha llegado en fecha demasiado reciente, y el todavía relativo bajo nivel de vida de los turistas españoles han sido la causa de que la oferta de las regiones que dependen del turismo interno sea muy inferior, en términos absolutos, a la alcanzada en las que hemos definido como regiones turísticas. En valor global, el turismo nacional se inclina también por los mismos lugares que han sido popularizados por el turista extranjero: la tercera parte de los turistas españoles que lo practican en el interior del país se inclina por Andalucía y Valencia; otra cuarta parte prefieren Cataluña y Madrid; un octavo más se inclina por Baleares y Canarias. En su conjunto, las grandes áreas turísticas de España, son el destino de las preferencias de un 70 por 100 de los turistas españoles, el resto se distribuye por las otras regiones del Estado.

La gran ventaja del turismo nacional, en la consideración del sector es que sus consumos permanecen dentro de los insumos del propio sector, sin que haya servidumbres de pago por servicios realizados que partan hacia empresas o grupos extranjeros, como ocurre con demasiada frecuencia en el turismo extranjero organizado por «tour operadores» extranjeros. Otra proyección favorable del mismo es que actúa de demandante social de una mejor red de transportes para facilitar los contactos intranacionales, lo que directamente servirá de apoyo a la mejor utilización de los recursos económicos de cada Comunidad Autónoma.

5.

Las repercusiones socioeconómicas y políticas

5.1. El turismo y la economía española

La Secretaría General Técnica del Ministerio de Transportes, Turismo y Comunicaciones se hace eco (Ministerio de Transportes, Turismo y Comunicaciones: 1983, 46) de la dificultad de evaluar la renta generada por el turismo, debido tanto a la complejidad de la actividad como a la inexistencia de informaciones adecuadas sobre una parte relevante de la demanda turística. Pero no cabe ninguna duda de la incidencia de la práctica turística en la economía de nuestro país y de la importancia que el turismo ha tenido en la evolución de nuestra sociedad, considerada en su conjunto o en algunos de sus componentes aisladamente, o en la modificación de la imagen política, y a veces hasta de su praxis, en las últimas tres décadas.

Cuando comienza el «boom» turístico en nuestro país, España era un pueblo subdesarrollado, con un comercio muy reducido, un estrecho marco de relaciones diplomáticas que le habían mantenido alejada de las corrientes internacionales en las dos décadas precedentes, y con una muy deficiente capacidad financiera que le dificultaba la posibilidad de iniciar la senda de su industrialización. Era el inicio de la década de los 60 y acababa de aplicarse un drástico plan de estabilización económico por imposición del Fondo Monetario Internacional; las autoridades políticas de este momento de la

Dictadura pertenecen a una tecnocracia seudo-liberal que considera prioritario para España el alinearse con la política económica y social de los países occidentales de Europa, sin renunciar a los postulados políticos que sustentaban el régimen del general Franco. En 1962 se llega a solicitar la adhesión española a las estructuras de la Europa Comunitaria, aunque la petición no sería considerada en sentido positivo por falta del soporte democrático que se les exigía a las sociedades adheridas.

España tiene poco que ofrecer a Europa en estos momentos, ni posee capacidad productora, ni representa un mercado en el que los europeos pudieran colocar sus productos, porque la insuficiencia crediticia del Estado no daba para otra cosa. Sólo en dos aspectos se puede iniciar la relación tan deseada por las autoridades españolas, proporcionando mano de obra no cualificada y barata para facilitar el período expansionista de las economías europeas, en especial en el marco de la CEE, u ofreciendo un ámbito geográfico modélico para la práctica del turismo vacacional. Emigración y turismo servirán de lanzas españolas en la lucha por abrirse un hueco entre los europeos, y para financiar un despegue, deseado, pero de difícil inicio.

El turismo se convertirá desde el primer momento en una tabla de salvamento para la economía española y por eso recibirá un fuerte apoyo institucional, que se concretará en la creación de un ministerio de Información y Turismo que pronto alcanzará un gran prestigio nacional en razón del éxito de la oferta turística española en los mercados del ocio internacional.

5.1.1. Evolución del peso económico del turismo en las cifras macroeconómicas

Con diversos altibajos, el turismo, ha actuado de tabla de salvamento de la tradicionalmente deficitaria Balanza Comercial española, equilibrando la Balanza de Pagos y frenando el endeudamiento externo que habría sido la salida ortodoxa de la economía española para poder iniciar una industrialización en el marco de un entorno de países industrializados. En el Cuadro 5.1 ofrecemos información sobre la evolución de los ingresos de divisas en concepto de turismo y la significación de los mismos en el volumen global de la economía española.

A lo largo de los últimos 25 años, la economía española, ha ingresado más de 100 mil millones de dólares en concepto de pagos internacionales por contraprestación de servicios turísticos; ese valor absoluto denuncia un peso incuestionable y una dependencia de la que, para bien o para mal, no puede sustraerse la economía española. La participación de las rentas turísticas en el PIB no dejó de crecer, tanto en términos absolutos como en valor relativo, desde 1961 hasta 1975. La crisis económica mundial, que afectó muy directamente a nuestros clientes europeos, fue la causa de un estanca-

Evolución de la importancia absoluta y relativa del turismo
en la economía española

Año	Ingresos turísticos (millones de $)	Tasa de cobertura del déficit comercial	% sobre el PIB	Ingresos turista
1961	384,6	100	2,1	51,6 $
1965	1.156,9	56	4,7	81,2 $
1970	1.680,7	71	6,1	69,7 $
1975	3.402,2	40	7,5	112,9 $
1980	6.967,7	52	3,7	183,3 $
1981	6.715,9	57	4,1	167,3 $
1982	7.126,1	65	4,6	169,7 $
1983	6.836,1	72	5,1	165,7 $
1984	7.718,7	139	5,7	179,8 $
1985	8.150,6	143	(1) 9,3	188,5 $
1986	12.045,0	155	(1) 9,6	248,9 $

(1) Se refiere al valor de la actividad turística y no sólo a la del turismo internacional.

FUENTE: Secretaría de Estado de Turismo, y elaboración del autor.

miento en la demanda, en el gasto y en la importancia del turismo como componente sustancial de nuestra Balanza de Pagos; pero, a partir de 1983 vuelve a potenciarse la dimensión del turismo como parte sustancial de las cuentas que definen la macroeconomía española.

Del análisis de las cifras se desprenden importantes consideraciones:

- Durante la década de los 60 y primera mitad de los 70, el turismo actuó como la clave de lo que se dio en denominar el «milagro» económico español, siendo el país miembro de la OCDE que más influencia de los ingresos turísticos detectaba en su Balanza de Pagos.
- En el relanzamiento económico de los 80 (años 86 y 87), el turismo ha vuelto a ser un soporte básico de la prosperidad económica del país, en valores absolutos muy superiores a los de cualquier otra época y en valores relativos más altos que los que se detectaron en los mejores tiempos.
- La actividad turística se ha convertido, firmemente, en un hecho estructural de la economía española, como ya anunciaba el profesor Tamames hace una década (Tamames: 1977, 479 y siguientes), al decir: «El fenómeno turístico en nuestro país debe ser considerado como un hecho estructural, como un ingreso de seguridad bastante grande y cuyo crecimiento será posible siempre que se mantenga un coste de vida del turista que siga siendo un elemento de atracción».

Diez años después aquella afirmación continúa vigente, incluso sobrepasando la prudencia mantenida en aquel caso, pues los precios españoles no son ya la causa básica de la atracción, sino que ahora concurren otros factores.

- El gasto por turista, contabilizado en los últimos años, ha crecido espectacularmente a partir de 1985, en especial debido al aumento de la calidad de la oferta y a la mejor disposición de la demanda que se ha visto favorecida por el tirón económico de los países desarrollados durante los años 85, y durante los tres primeros trimestres de 1987.
- La falta de un apoyo institucional y de iniciativa privada para agotar las posibilidades de oferta en los servicios turísticos, sobre todo en lo concerniente al transporte, por lo que, todavía una buena parte de las divisas gastadas por los turistas en la realización del acto turístico queda en manos del capital extranjero.

Por todo ello, puede decirse que el turismo no es una actividad que haya alcanzado su techo en el contexto de la economía española, sino que podrá experimentar significados avances en el futuro.

5.1.2. El turismo en las economías de las Comunidades Autónomas

La construcción de la estructura territorial basada en las autonomías regionales según el modelo definido en la Constitución española de 1978, ha servido para que la planificación de las economías contemple prioritariamente las situaciones locales y se distancie de las políticas globales. Desde esa óptica, el turismo vuelve a presentarse como un importante pilar para el desarrollo de los pueblos más desfavorecidos, o como la base sustentatoria del bienestar de algunas regiones que ya se encuentran a la cabeza de la prosperidad económica del Estado.

En el momento de la vertebración autonómica de España, la potencialidad turística de las diferentes regiones estaba ya definida; pero, a partir de ese momento, la política regional ha establecido el régimen de prioridades sobre las actuaciones que deberán favorecer su desarrollo. Como parecía lógico, han sido las regiones turísticas, Baleares, Canarias, Andalucía, Valencia y Cataluña, las que mayor interés han mostrado por sus sectores turísticos; pero, otras nuevas han iniciado la andadura tratando de captar una cuota del sector turístico nacional, para financiar el respectivo desarrollo regional, como ha ocurrido con las dos Ccastillas, Galicia, Cantabria o Asturias.

Un análisis del valor relativo de los ingresos turísticos nos permitirá establecer una distinción de la influencia del sector en las economías de las regiones autonómicas del Estado en razón a dos tipos de consideraciones: la del peso económico del sector y la de la rentabilidad relativa del mismo.

a) **Desde el punto de vista de su peso económico:** En capítulos anteriores habíamos hablado de la importancia de la oferta y de la demanda turística en cada una de las unidades administrativas representadas por las Comunidades Autonómicas, aunque esto no es suficiente, ya que, ni el gasto por turista es igual en cada espacio regional, ni la oferta es igual de cara en todos los lugares, ni la composición de la misma puede ser considerada de una calida próxima en todos los casos. Sólo seis Comunidades Autónomas polarizan más de las 3/4 partes de todos los ingresos turísticos contabilizados en el sector profesional de la Hostelería y similares, aunque ello no suponga, como consecuencia directa de esa importancia, que la actividad turística se conforme como una pieza clave en la economía de cada una de esas regiones, pues, en muchos casos, el dinamismo de esos espacios administrativos se revela mucho más activo y rentable en otros sectores. En el Cuadro 5.2 damos una información referida a la cuota del mercado de in-

CUADRO 5.2

Peso global y rentabilidad interna del sector turístico en las economías de las Comunidades Autónomas del Estado Español.

Núm.	Espacio geográfico	% sobre el sector turístico nacional	Rentabilidad interna	Rentabilidad/ España
1	Madrid	17,3	87	88
2	Cataluña	16,0	93	94
3	Andalucía	14,1	98	100
4	Baleares	10,6	103	105
5	Canarias	9,1	111	113
6	Valencia	9,0	104	106
7	Galicia	5,3	116	118
8	Castilla-León	3,9	85	87
9	País Vasco	3,6	83	85
10	Aragón	2,1	89	91
11	Castilla-Mancha	1,9	78	80
12	Asturias	1,9	94	96
13	Murcia	1,7	90	92
14	Cantabria	1,1	100	102
15	Extremadura	1,0	86	88
16	Navarra	0,8	80	82
17	La Rioja	0,3	77	79

FUENTE: Informes sobre la Renta Nacional de España del Banco de Bilbao (los correspondientes a la década de los años 80).

gresos turísticos que corresponde a cada una de las Comunidades Autónomas del Estado (en período referido a los años transcurridos de la década de los 80) y a la rentabilidad interna del sector turístico en cada caso.

El peso económico global del sector turístico no siempre se corresponde con el volumen de la oferta, porque ni la calidad de ésta es siempre homologable, ni la calidad de la demanda está en consonancia con los servicios ofertados, ni la dependencia de los servicios contratados por empresas nacionales alcanza unos niveles equiparables en todas las regiones. Madrid, Cataluña y Andalucía son las regiones que más aportación hacen al total de las rentas generadas por el sector profesional del turismo, si bien en éste no se contabilizan otros ingresos estrechamente ligados con la actividad turística, porque pertenecen, en sentido estricto, al sector comercial: son los recuerdos y productos comprados por los turistas con motivo de su estancia en los lugares que frecuentan.

De las Comunidades reseñadas en el cuadro citado, sólo en Baleares los ingresos derivados de la actividad turística son superiores a los de cualquier otra actividad económica; en Canarias sólo son superados por los de la actividad comercial, aunque ésta depende en una gran medida de la práctica del turismo por los nacionales, que compran en el archipiélago al amparo de una práctica librecambista, de bajos aranceles o de libre aduanas que abaratan los precios de los productos de importación. En el resto de las Comunidades el turismo queda lejos de ser la principal fuente de ingresos de las respectivas economías:

- En Andalucía representa la tercera parte de los ingresos de la industria y la mitad de las rentas alcanzadas por la agricultura, si bien continúa siendo un motor de la ocupación laboral y la auténtica locomotora que tira de la construcción y de los catalogados como «servicios diversos».
- En Valencia sólo alcanza un valor equivalente a la cuarta parte de la renta industrial y apenas llega al valor alcanzado por la agricultura.
- En Cataluña queda relegado a la octava parte del sector industrial, pero casi dobla el valor de la agricultura.
- En Madrid supone un 5 por 100 del total de las rentas económicas de la Comunidad, aunque ello supone un peso tan importante como el del sector de la construcción.

En el resto de las Comunidades su peso es comparativamente inferior y, por tanto, la importancia del sector no alcanza unos niveles determinantes en la capacidad de desarrollo de la región. No obstante, la rentabilidad interna del sector, que nos indica el punto hasta el cual el turismo se presenta como una actividad más atractiva que el resto de las ocupaciones económicas de un espacio definido, puede llegar a ser motivo suficiente para que exista una preocupación específica por potenciar su participación en la economía de una determinada región.

b) Desde el punto de vista de la rentabilidad relativa del sector: Dentro de las regiones turísticas, Canarias, la Comunidad Valenciana y Baleares se destacan como las regiones más rentables desde el punto de vista de la productividad sectorial; pero, Galicia las sobrepasa a todas y Cantabria se destaca como región de escaso peso turístico aunque de una alta rentabilidad media del sector en el conjunto del Estado.

La alta productividad de la región gallega se explica por la poca rentabilidad relativa del resto de los sectores presentes en su economía, pero eso no minimiza las posibilidades que pueden derivarse de un adecuado uso de su potencialidad turística. Por el contrario, en Madrid, o en Cataluña, la salubridad de otros sectores económicos, como el transporte o los servicios no turísticos, relegan al turismo a los últimos puestos en la rentabilidad.

En regiones eminentemente turísticas, como ocurre en Andalucía, en las que la actividad turística alcanza una rentabilidad equivalente a la de la media del sector en el conjunto del Estado, la relativa baja productividad del turismo en la economía regional se explica por la sobreocupación laboral del sector, aunque esto puede ser interpretado en sentido positivo desde el punto de vista social, ya que contribuye a paliar el paro en una región especialmente castigada por este azote de los tiempos actuales.

Por todo lo anteriormente reseñado, puede decirse que, en la actual configuración de la estructura económica del Estado español, el turismo continúa siendo una actividad básica en el modelo ocupacional y productivo de determinadas Comunidades; su vitalidad actual proclama la necesidad de continuar potenciando esta vía productiva; las posibilidades detectadas invitan a desarrollar la presencia del sector en las regiones en las que su aparición resulta, por el momento, anecdótica. Las Canarias, la Comunidad Valenciana, Baleares, e incluso Andalucía, son regiones turísticas con posibilidades ciertas de expander su volumen de negocios en el sector, aumentando la rentabilidad del mismo. En Cataluña o en Madrid, las inversiones aparecen más rentables en otros sectores, por lo que no es presumible que la expansión de la oferta turística prosiga en el futuro. Hay otras regiones, como Galicia, Cantabria, Asturias o Murcia, en las que las actuales rentabilidades y volúmenes del sector invitan a la aventura de su potenciación, siempre que se consiguiera una imagen adecuada como región turística, con una oferta basada en otros parámetros diferentes a los que avalan al turismo español en el contexto internacional.

5.1.3. Los gastos de los turistas extranjeros en España

Cuando se analiza la importancia del turismo en las economías regionales, se suelen contabilizar únicamente aquellos apartados que forman parte del uso de la oferta profesional turística; pero, hay otros gastos que pueden ser identificados como realizados por el turista y que no forman parte de la factura del alojamiento o del transporte desde los lugares de residencia hasta los centros vacacionales. Estos otros gastos contribuyen también a la renta global de cada una de las unidades administrativas consideradas y habría que incluirlos en sus respectivas economías.

Considerados en su conjunto, los turistas que visitaron España durante 1986, gastaron una media de 1.900 pesetas por persona y día (Confederación Española de Cajas de Ahorros: 1986, 858), aunque esa media de referencia enmascarara un comportamiento muy dispar en función de la nacionalidad del visitante y de la zona receptora:

- Entre los demandantes son los daneses (2.700 pesetas) y los italianos (2.200 pesetas) los más gastadores, situándose en el extremo opuesto los visitantes franceses (1.600 pesetas diarias).
- Por zonas receptoras son las Canarias las que consiguen una clase de turista más gastadora (2.000 pesetas por visitante medio y día), mientras que Cataluña representa al extremo opuesto, siendo los franceses que visitan la Costa Brava los menos pudientes (800 pesetas diarias). Las oscilaciones más amplias se dan en las Baleares, región en la que los holandeses llegan a gastar unas 5.500 pesetas por día, mientras que los ingleses apenas llegan a las 1.300 pesetas.

Por gasto global, son los turistas alemanes los que ocupan el primer lugar entre los colectivos que nos visitan; aunque, por desgracia para el sector, nuestros principales clientes, franceses, portugueses e ingleses, son los menos gastadores.

5.2. El comportamiento sociológico de los turistas en España

Aunque no existe una práctica habitual de consultas para conocer la opinión de nuestros visitantes sobre la oferta turística, los factores que les mueven al elegir nuestro país como lugar donde pasar sus vacaciones, o las relaciones que establecen con los naturales del país; sin embargo, diversos medios de comunicación nacionales y extranjeros actúan como difusores de determinadas corrientes de opinión que pueden servir de buenos indicadores de las posturas mantenidas por los cultivadores de las prácticas turísticas. Indirectamente puede actuar de indicador del sentir de nuestros visitantes, su comportamiento sociológico durante los períodos vacacionales y la frecuencia de uso de nuestra oferta en sus sucesivas salidas turísticas desde sus habituales residencias.

Hay autores, como Abraham Maslow, que sostienen que el turismo puede llegar a ser un refugio adecuado de determinadas frustraciones, cuya superación puede alcanzarse por el simple mecanismo del *dominante/dominado*. En efecto, la sociedad industrial aliena al individuo, al que convierte en un instrumento del sistema productivo sometido a la dominación de las técnicas, los ejecutivos y las estrategias; la vacación viene a convertirse en una salida reparadora de las frustraciones acumuladas. El turista utilizaría este período vacacional, en el que se halla liberado de un estereotipo de comportamiento, para sacudirse el sentimiento de dominado. Consecuentemente, durante su tiempo de vacaciones, tenderá a comportarse con la pauta del dominante.

Buscando una mayor precisión sobre las consecuencias sociológicas del turismo en España, trataremos de efectuar un análisis en el que entren en juego tanto el comportamiento sociológico de los turistas que nos visitan, como la receptividad o acogida que a los mismos se les dispensa por parte de la sociedad española. Cuanto mayor sea la sintonía alcanzada entre estos dos componentes, que se ponen en contacto como consecuencia del hecho turístico, mayor será el provecho derivado de esa práctica.

5.2.1. ¿Qué busca el turista extranjero en España?

Al margen de los objetivos generales que se persiguen con la realización de actos turísticos, que pueden encuadrarse en un amplio marco de motivaciones de tipo personal, familiar o social, existen otras de carácter más específico y que pueden ser detectados en cada momento y lugar.

Si tratamos de indagar en las motivaciones históricas de la llegada del turista europeo a nuestro país, durante los años 60, tendremos que basarnos en un cuadro de hipótesis, seguramente muy probables, pero que, por falta de investigación, no fueron confirmadas en su momento. A lo largo del tiempo también se han ido produciendo cambios en aquellas motivaciones y, hoy, no podríamos apoyarnos en los mismos argumentos que sirvieron en el pasado. En cualquier caso sería necesario analizar la situación de las áreas emisoras y receptoras en el momento considerando, y la tipología de los colectivos sociales que practican el turismo.

A) En los inicios del fenómeno, durante la década de los 60. La Europa de los 60 experimenta un salto cualitativo en las formas de vida de sus ciudadanos; superadas las secuelas de la Segunda Guerra Mundial, y tras la reconstrucción de los destrozos producidos por aquella contienda, el desarrollo económico servirá de base para que las clases medias adquieran una capacidad de consumo como nunca antes se había conocido. Esa capacidad de consumo se proyecta más allá de la satisfacción de las necesidades básicas y alcanza a otros aspectos de carácter lúdico que rellenan los tiempos de ocio. El europeo medio busca otros lugares en los que pasar su tiempo de ocio, siempre que su capacidad económica no se vea seriamente comprometida como consecuencia de esa licencia que se permite. Por otra parte, la civilización del automóvil que se enseñoreaba de la sociedad americana, alcanza a los europeos y cada familia tiende a tener su propio vehículo; el vehículo se convierte en el medio de transporte más habitual para los desplazamientos turísticos.

En esa tesitura, al europeo sólo le queda la alternativa de la propia Europa, territorio en el que podía utilizar su propio automóvil como medio de transporte, en el corto período vacacional de que disfrutaba en su trabajo (tres o cuatro semanas). Dentro de Europa, sólo los países ribereños al Mediterráneo (en menor medida Francia) tienen unos índices de coste de vida que resultan sensiblemente inferiores a los de los países desarrollados, y dentro de ellos España es el más económico, con diferencia, de los territorios accesibles, ya que Yugoeslavia no resultaba permeable a la posibilidad de recorrerlo libremente y Grecia quedaba demasiado distante. Al margen quedan los atractivos climáticos y paisajísticos que, desde luego, habían de tener su peso a la hora de adoptar la decisión de elegir el lugar de destino vacacional. Hay autores que investigan un gran número de motivaciones en la práctica del turismo (Lanquar: 1985, 32 y siguientes), pero todas ellas serían comunes a la elección de otros muchos destinos.

España es, en estos momentos, un Estado que acaba de salir de su aislacionismo internacional, aunque todavía tiene un régimen político de corte no democrático. Sin embargo, la permisividad y tolerancia para con los visitantes foráneos, la hospitalidad tradicional del pueblo español y el subdesarrollo actúan de catalizadores de las corrientes, ya que los visitantes pueden sentir una autocomplacencia sicológica de su situación, por comparación y contraste con lo observado en la sociedad española. La incompatibilidad entre los sistemas políticos se margina porque, en la práctica, es más de fondo que formal, y porque la beligerancia de los 40 y los 50 se había agotado en sí misma.

Durante la década de los 60 se seguirá manteniendo este modelo de ocupación turística, pero las modificaciones empezarán a aparecer al amparo del negocio económico que supuso la expansión de la demanda de servicios turísticos. Desde 1960 a 1970 la llegada anual de extranjeros a España supuso un incremento, en términos absolutos, de 18 millones de visitantes, y un incremento relativo de casi el 400 por 100. El desarrollo de la oferta experimentó un auge que estaba en consonancia con el observado en la demanda. La expansión continuará hasta 1974, pero los hábitos y las exigencias de los turistas comienzan a cambiar, demandando una mayor calidad en los servicios y profesionalizando más su demanda: Hay revistas de reconocido prestigio internacional y de amplio eco social, como *Time,* que denuncian, en 1971, la contaminación de las aguas de los litorales españoles, lo que hizo reflexionar al Gobierno y adoptar la medida de la instalación generalizada de depuradoras en las costas; por otra parte, los flujos turísticos se estabilizan y definen hacia unos determinados centros que acabarán destacando como las áreas receptivas por excelencia.

Con la crisis económica internacional de los años 70 se iniciará el ajuste necesario y los cambios sociológicos suficientes como para que podamos hablar de otro modelo de relación turística.

b) Cuándo comienza el turismo de calidad. La crisis de 1973 dará un importante giro al consumo social del turismo, tal y como se había ido desarrollando durante la década anterior. 1974 será el primer año, desde 1950, en que se produce una caída en el número de visitantes llegados a España; pero ello supondrá, al mismo tiempo, una importante modificación cualitativa en la calidad del turismo recibido. La explicación tiene su lógica:

— Las crisis económicas afectan, en primer lugar, a las clases más desfavorecidas, por lo que un buen número de personas que practicaban turismo se ven obligados a prescindir de su disfrute.
— Siempre que una actividad económica sufra una pérdida en sus beneficios, se verá forzada a efectuar transformaciones profundas para recuperar su rentabilidad; la oferta turística se reorientará hacia las clases económicamente más poderosas, no afectadas tan profundamente por la caída del dinamismo económico característico de los períodos de expansión.
— Durante los períodos de transición, en los que se producen ajustes estructurales, se dan las condiciones necesarias para la modificación de la política de precios que puede actuar de direccionadora de los flujos de la demanda.

Entre 1973 y 1977 se dan las circunstancias necesarias para que se produzca la transformación de la oferta española que ya había sido iniciada en el 1971. Los gastos turísticos por persona crecerán, durante este período de transición, en un 25 por 100, a un ritmo anual medio del 6 por 100, mientras que en los trece años inmediatamente anteriores sólo lo había hecho en un 3 por 100 anual.

En 1978 parecía que habían sido superadas las razones que desencadenaron la crisis, pero en 1979 se reabre otro paréntesis que se prolongará hasta 1985 y que supondrá otra formulación del tipo de relaciones turísticas: la demanda se canalizará más abiertamente hacia la oferta profesionalizada y se desarrolla, paralelamente, un turismo privado que utiliza la segunda residencia como albergue y que se estabiliza en determinados lugares, bajo fórmulas que mimetizan los comportamientos urbanos y familiares del resto del año.

Mientras que en la primera de las etapas que hemos reseñado el gasto medio del turista que visitaba España se mantenía en torno al 65 por 100 del gasto medio mundial de los turistas, a partir de 1985 los valores del gasto han superado abiertamente los índices medios del turismo mundial para situarse en torno al 115 por 100. Si la calidad se mide en gasto, los turistas españoles del momento actual son de mayor calidad que los turistas recibidos en el pasado. El mérito hay que atribuírselo a la profesionalidad de los empresarios y de las organizaciones turísticas que han sabido ofrecer aquello que el turista desea; aunque también influyó en ello la evolución experimentada en las economías de los países europeos que han sabido superar la crisis, saliendo de ella más fortalecidos, comparativamente, que el resto de los países no desarrollados del mundo, sin menoscabar la capacidad de nivel de vida de sus ciudadanos.

Es indudable que se ha producido un cambio en los aspectos socioeconómicos de la demanda, pero cabe preguntarse, ¿afectó de igual forma a todos los colectivos nacionales de nuestros visitantes?, para analizarlo se hace preciso ahondar en determinados aspectos que conforman la sicología colectiva de los pueblos.

C) El comportamiento global de los colectivos nacionales de los turistas que visitan España. En el breve análisis histórico que acabamos de efectuar aparece con cierta claridad la evolución experimentada en el comportamiento sociológico del turista que visita España, aunque la generalización no frece una imagen exacta de cada uno de los colectivos que conforman esos visitantes. A grandes rasgos, cada pueblo comparte unas mismas apetencias y experiencias que definen el comportamiento de sus turistas:

a) **Los franceses,** que constituyen el colectivo más numeroso de nuestros visitantes, eligieron a España como el destino de sus preferencias, durante la década de los 60, por estas razones:

- *economía,* pues los precios medios franceses triplicaban a los españoles;
- *proximidad geográfica,* ya que, entre los posibles destinos en los que podían disfrutar de unas vacaciones más económicas que en Francia, España era el país más cercano;
- *afinidad cultural,* dentro del mundo latino, en cuyo marco, el francés, resultaba en aquel momento el pueblo triunfador;
- *afirmación narcisista,* al sentirse admirados por la clase social teóricamente homologable a la que ellos pertenecían en su propio país.

Durante esta primera etapa, el francés practica un turismo itinerante, ávido de conocer lugares y de descubrir una realidad un tanto mítica, la de la España franquista de la que tanto habían oído hablar en los años de postguerra; otra buena parte de turistas franceses se dedican a visitar a familiares o amigos, por lo que la utilización de la oferta profesional resulta muy restringida entre los visitantes pertenecientes a este colectivo.

El aumento en el nivel de rentas y en la calidad de vida de los franceses, durante las dos décadas siguientes, cambiará las primitivas motivaciones: ya no será tan frecuente la práctica itinerante y el albergue en establecimientos familiares; la demanda de servicios profesionales se acentuará y la compra de segundas residencias en las costas del levante español sedentarizará a los franceses en unos lugares determinados; Baleares y la Costa Brava se erigen como los lugares prioritarios en las preferencias de los turistas franceses.

b) **Los portugueses** son el colectivo que menos ha evolucionado entre los visitantes recibidos; tradicionalmente, el turista o excursionista portugués no debe estar comprendido entre la categoría de los practicantes de un turismo motivado por el descanso vacacional y por el deseo de satisfacer necesidades de tipo lúdico o de carácter superfluo. Una buena parte del portugués contabilizado como turista visita nuestro país para practicar un tipo de comercio marginal (vendedor esporádico o ambulante) de artesanía o manufacturas portuguesas que tienen buena acogida en España por sus módicos precios, o para adquirir productos a este lado de la frontera, cuando los mercados locales del otro lado carecen de ellos. Sólo un 5 por 100 de los visitantes portugueses pueden ser considerados como auténticos turistas, y esa proporción apenas se ha modificado en todo el período de tiempo que se analiza.

El turista portugués elige España como lugar de destino, en la mayor parte de los casos porque resulta paso obligado para su salida al resto de los países europeos, y en otra menor proporción porque colma sus apetencias de salida al exterior que siempre constituyen un signo de prestigio y de éxito social. No obstante, las grandes cifras de la estadística del turismo portugués pertenecen a la segunda etapa del turismo español, tras la crisis de 1973: en 1966 se sobrepasa el millón de visitantes portugueses, en 1972 se superan los 4 millones, en el 1980 se superan los 9 millones, pero a partir de este momento se producirá el estancamiento o la recesión.

c) **Los ingleses** eligen España por su clima y por sus precios, en buena medida condicionados por las agencias de viajes en las que contratan sus servicios, que son las auténticas programadoras de las vacaciones del pueblo inglés. El turismo inglés se integra en los circuitos de la oferta española, durante la década de los 60, partiendo de una prolongada experiencia nacional dentro de la modalidad del turismo social. No hay una afinidad cultural, ni siquiera una corriente de simpatía nacional entre los pueblos inglés y español (lo que sí ocurría entre aquella sociedad y la portuguesa), pero España representa en estos momentos el lugar más asequible por la relación calidad-precio y por la accesibilidad a los centros turísticos mediante el avión. Canarias y Baleares son los principales destinos de la primera etapa y continúan siéndolo durante la etapa actual, aunque Alicante y la Costa del Sol han llegado a igualar el peso de Canarias, mientras que las Baleares mantienen un alto prestigio como lugar vacacional, habiéndose fortalecido aún más, si ello es posible, como consecuencia de las estancias estivales de los Príncipes de Gales en Mallorca como invitados de los Reyes de España. Desde el punto de vista social, el turismo inglés es un producto típico de la sociedad industrial: se hace turismo para romper con la monotonía del largo año laboral y para desintoxicarse de la ajetreada vida urbana y del estrés de los horarios y de las prisas.

d) **Los alemanes** salían en los primeros años de los sesenta para romper el aislacionismo sicológico en el que se sentían sumidos tras la Segunda Guerra Mundial, pero también para cambiar de hábitos y para paliar el desgaste originado por las pautas rígidas de las economías industriales; el clima no dejaba de ser un factor importante en la elección de sus lugares de vacaciones, siendo Italia el país que satisfacía todas sus aspiraciones. Por simpatías históricas el pueblo alemán sintoniza especialmente con italianos y españoles, y de una forma progresiva fue aumentando su presencia en los lugares turísticos de nuestro país.

Tras la crisis industrial, el mercado alemán ha salido reforzado con respecto a sus competidores más cercanos, y esa ventaja se ha dejado sentir en la capacidad turística de sus habitantes, tanto por volumen global de turistas como por la calidad de servicios que pueden pagar. En esta nueva etapa los alemanes, que siempre han sido partidarios de utilizar la oferta profesional, se han destacado, entre el resto de los grandes colectivos de nuestros visitantes, por su *preocupación ecologista* a la hora de elegir el lugar para sus vacaciones: quieren saber si las aguas donde pretenden bañarse están limpias o si los parajes naturales que piensan visitar están libres de contaminación; prefieren los grandes centros residenciales a las urbes y hacen un tipo de turismo cada vez más ajeno a la realidad socio-cultural que les rodea.

e) **Los pueblos del Benelux** sienten un especial atractivo hacia lo español, con quienes se sienten unidos por lazos históricos y por un pasado común, pero, sobre todo, cuando inician su flujo turístico hacia España lo hacen por el afán de conocer un mundo en abierto contraste con el propio: tanto los hábitos de vida como el paisaje natural les resultan exóticos, y esa originalidad se convierte para ellos en el primer atractivo.

La crisis de los 70 afecta de forma grave a los holandeses y sobre todo a los belgas y su comportamiento turístico se verá modificado como consecuencia de ello. Las cifras de turistas llegados desde esta zona en el 86 son muy parecidas a las que se habían alcanzado en el 73, antes de la crisis. Los visitantes utilizan cada vez más los servicios profesionales de los «tour operadores» y los flujos se canalizan hacia las Baleares, Alicante y la Costa Brava fundamentalmente, mientras que el turismo itinerante, practicado durante los 60, entra en agonía porque la amabilidad del pueblo español hacia el visitante extranjero ha descendido notablemente, y porque los precios y los servicios ofrecidos por la oferta altamente profesionalizada se hace más atractiva que la aventura del viaje por cuenta propia. De forma paralela crece el descontento de los turistas provinentes de esta región europea, en parte por la inseguridad ciudadana (la proliferación de robos) y por el deterioro en los servicios, que comienzan a ser considerados demasiado caros en comparación con los de otras áreas del Mediterráneo (Túnez y Yugoslavia) o con los de otras zonas más exóticas de las regiones tropicales, que están presentes en las ofertas de las agencias de viajes.

f) **Los italianos** son los recién llegados al turismo nacional y son, también, nuestros clientes más fervorosos. Practican, como casi todos los turistas al inicio de su contacto con un pueblo al que desconocen, un turismo itinerante y suelen viajar, en su inmensa mayoría, utilizando el vehículo propio. El carácter extravertido de estos visitantes, la proximidad lingüística y las simpatías históricas entre ambos pueblos, el español y el italiano, permiten una aproximación cultural mayor que la producida con cualquier otro pueblo. Durante los 60, el turismo de los italianos fue escaso, por los bajos niveles medios de renta de su clase trabajadora, pero en el momento actual son, junto a los americanos, el colectivo que más gasta en sus vacaciones a nuestro país; además, son los que regresan con un mayor nivel de satisfacción, tanto por la calidad del servicio como por la amabilidad del pueblo y por la relación entre los precios y la oferta.

g) **Los americanos** inician su aproximación a España con el mismo interés con el que se acercan a cualquier otro país europeo. Es el turismo que menos ha evolucionado y que en menor medida ha modificado los parámetros o las motivaciones que le acercaban hacia nuestro país. El americano no busca ni sol, ni precios económicos, ni se mueve por proximidad geográfica; la única razón que le invita a venir es el darse un baño en su pasado histórico que es el mismo de los europeos, el conocer otros ámbitos geográficos y, en buena medida, el establecer relaciones económicas o culturales (un buen número de hombres de negocios y de estudiantes conforman el colectivo de los cuantificados entre los turistas americanos). Apenas mantienen contactos con el pueblo, viven en hoteles de alta categoría (o en pensiones de estudiantes, cuando se trata de universitarios que cursan estudios en nuestras Universidades) y circunscriben su presencia a las grandes ciudades (Madrid y Barcelona) o las ciudades de mayor exotismo histórico (Toledo, Granada, Sevilla).

5.2.2. ¿Qué se puede decir de la receptividad turística de los españoles?

La evolución económica y social experimentada por los españoles en las tres últimas décadas ha dejado su impronta en la receptividad y en la acogida popular a los turistas.

Durante una primera etapa, la de los sesenta, los españoles, que todavía vivían en un mundo sustancialmente rural y bajo un régimen económico de subsistencia, experimentaron dos tipos de sentimientos hacia el extranjero visitante:

- Un sentimiento de admiración ante las formas de vida y posibilidades económicas que intuía en el turista, por lo que magnificaba el modelo social del que procedían y alimentaba el narcisismo individual de los visitantes. En esta etapa el español era totalmente receptivo y estaba pronto a establecer relaciones con los turistas que le honraban con su trato.
- Otro de envidia ante la inevitable comparación efectuada entre las propias formas de vida y las que observaban en los visitantes. Esa envidia servía como justificación de los intentos de aprovecharse del turista demandándoles precios superiores a los habituales e intentando obtener un beneficio económico de toda relación con el extranjero.

Al mismo tiempo el español fue «contaminándose» de otras formas culturales y de otros modos relacionales, haciéndose más universalista y tolerante. Se trata de emular al turista, adquiriendo coche (el utilitario de los 60), vacacionando en lugares diferentes a los de la propia residencia (aunque para ello se ve forzado, en un buen número de ocasiones, a utilizar las viviendas de otros familiares, o incluso de amigos) y dirigiendo su atención hacia las playas de moda.

En la segunda mitad de los setenta, y durante los ochenta, el español se siente completamente «europeizado»; sólo les separa del resto de los europeos del mundo occidental una más baja renta y una capacidad de consumo más débil. La masificación del turismo ha familiarizado a los españoles con el fenómeno, aun en las regiones más alejadas de los grandes núcleos turísticos. El proceso urbanizador de la población hace más homologables las pautas de comportamiento de los dos turistas extranjeros y de los españoles. Los contactos entre los visitantes y los residentes disminuyen en términos relativos porque la demanda se orienta hacia las ofertas profesionales y el turismo itinerante pierde vigencia y peso; además, los españoles han desmitificado al turista al haberse convertido ellos mismos en turistas (durante1986 salieron de nuestro país un total de 17,6 millones de personas de los que 3,4 millones, aproximadamente, tendrían la consideración de turistas OMT).

Se puede hablar del fin de las frustraciones de los residentes y por ello el trato actual es menos servil, pero más serio y profesional. Tanto a nivel colectivo como individual, el español se da cuenta de la importancia económica del turismo y de la seriedad de esta actividad, por lo que tratará de potenciarla y de conservarla, ofreciendo corrección y competitividad. El influjo del turismo se ejerce ahora inconscientemente:

- Se crean empleos que entrañan modificaciones en la estructura social de la colectividad receptora; en la Costa del Sol se han reconvertido un buen número de puestos de trabajo del sector primario (agricultura o pesca) para encuadrarse en el sector hostelero o en otros servicios paraturísticos.
- Se producen movimientos migratorios hacia las zonas de acogida del turismo de masas, ante la expectativa de un trabajo mejor remunerado o más probable (como ha ocurrido en Mallorca o Ibiza o, como ocurrió durante la primera etapa, en la Costa Brava).
- Aumenta la inflación de las regiones receptoras, al amparo de una mayor demanda global que va a repercutir negativamente en las formas de vida de los grupos más débiles de la sociedad. La costa andaluza y las Islas Canarias han padecido especialmente este fenómeno.

A pesar de que la dependencia existente en la economía española, con respecto del turismo, es mayor en este momento que en ningún otro, se ha roto, sin embargo, la dialéctica dominante/dominado característica de las relaciones entre los países emisores y los receptores. Hoy puede hablarse de un diálogo, en un plano de igualdad, entre los pueblos que nos visitan y nosotros mismos, y España resulta más favorecida en las preferencias de las grandes corrientes internacionales del turismo, porque hoy ofrece una calidad y una variedad de servicios que pueden encuadrarse entre las más cualificadas del mundo.

Desde el punto de vista social, la demanda turística sigue teniendo un influjo modernizador de la sociedad en sus estructuras y en los servicios que se le ofertan a sus ciudadanos; se desarrollan las culturas regionales y las artes populares, contribuyendo, en muchas ocasiones, a salvar los valores culturales que tienen imagen turística; favorece el desarrollo urbanístico y mejora las técnicas constructivas, rescatando muchas formas arquitectónicas autóctonas que, probablemente, habrían desaparecido de no haber mediado la mayor sensibilidad de los pueblos más desarrollados.

En última instancia puede decirse que el turismo ha servido a España como un factor para darse a conocer y a respetar en ámbitos en los que era una perfecta desconocida.

6.

La política
de la planificación
turística

Hoy no puede concebirse ningún tipo de actividad económica sin una planificación previa. La planificación orienta sobre las peculiaridades del mercado, dirige las actuaciones y elabora las estrategias más adecuadas para alcanzar los objetivos deseados. De acuerdo con su finalidad, las planificaciones deberán afectar tanto a las actuaciones particulares, en las empresas que se dediquen a la actividad que se planifique, como a los grandes proyectos nacionales, para que éstos se realicen con coordinación y coherencia.

Por sus características, la planificación turística es una competencia que no debe ser abandonada por el Estado. Es una responsabilidad de las instituciones nacionales el contribuir, con la iniciativa privada, para que se genere riqueza en la nación; pero es también una obligación de los poderes públicos el velar por sus ciudadanos para que puedan alcanzar las más altas cuotas de bienestar social, entre cuyas componentes, el turismo social es un derecho de los pueblos.

La necesidad de planificar exige una actuación política y un proyecto técnico que no puede ser concebido sin un análisis de los factores que intervienen en el hecho que se pretende orientar mediante la planificación. La actuación política existe en España desde el momento en que el Estado percibe las bondades económicas que podrían derivarse del uso turístico de los espacios nacionales; se acentúa por causa de la rentabilidad diplomática de la actividad turística en un momento en el que una buena parte del mundo desarrollado occidental tiene un interés por mantener las distancias con el Gobierno español (década de los 50 y, en menor medida, durante los 60). El proyecto técnico sólo aparece parcialmente porque falta la infraestructura informativa necesaria para adoptar medidas congruentes con la realidad del fenómeno en nuestro país. Por eso, no podrá hablarse de la existencia de una planificación turística, en sentido estricto, hasta que no se den todas las condiciones para la misma; hasta el momento, ha habido un cierto voluntarismo, por lo que este capítulo se convierte más bien en una desiderata que en una constatación.

Veamos cuáles deberían ser los ingredientes de la futura planificación turística en España y las posibilidades que el fenómeno oferta a nuestra economía y a nuestra sociedad.

6.1. La importancia y significación de la planificación turística

Aunque el turismo, como cualquier otra actividad que dependa del comportamiento colectivo de las personas, no es un fenómeno previsible a escala personal, sin embargo, puede ser valorado y predicho en términos globales. Las predicciones turísticas se harán por inferencia de las tendencias apreciadas en colectivos que puedan ser considerados como representativos. Se planificará para dar una mejor respuesta a las demandas de los consumidores, adaptando la oferta a las exigencias previsibles de esa demanda y acondicionando los espacios del ocio para acoger a los ciudadanos que, cada vez en mayor número, irán llegando a la práctica del turismo.

6.1.1. Su incidencia en la política del Estado

De forma más o menos consciente, nuestro país ha contado con una cierta planificación turística desde principios de siglo:

- La primera disposición, que marca el inicio de la política turística en España, data del 6 de octubre de 1905, y se concreta en un Real Decreto que crea una *Comisión Nacional,* integrada en el Ministerio de Fomento, con la misión de desarrollar la práctica del turismo en el interior de nuestras fronteras y la de atraer extranjeros que contribuyeran con sus divisas al saneamiento de nuestra economía.
- La creación de una *Comisaría Regia,* apenas seis años más tarde (en 1911), es un nuevo paso en la política turística de España. La nueva Comisaría absorberá las funciones de la inicial Comisión y alcanzará un rango superior al depender de la Presidencia y al integrar funcio-

narios de los Ministerios de Estado, Fomento, Gobernación e Instrucción Pública.

- En la época de la Dictadura de Primo de Rivera, se creó el *Patronato Nacional de Turismo* (por Real Decreto de 25 de abril de 1928). Esta institución trataba de reproducir en España las organizaciones turísticas de los estados fascistas, sin que prestara tanta atención al turismo social del propio pueblo como lo hizo en Italia la «Opera Nazionale del Dopolavoro», o la «Kraft Durch Freüde» en la Alemania nazi. El PNT disponía ya de una Delegación de Propaganda y otra de Viajes, y hace la primera zonificación turística del territorio, que podría ser considerada como el inicio de la planificación territorial. Quizá la principal contribución del Patronato a la potenciación y planificación del turismo en España fuese la ejecución de un excelente plan de albergues y paradores de turismo que adquirieron un prestigio que pronto rebasó nuestras fronteras.

- En el inicio de la dictadura del general Franco, todavía en la etapa bélica, el PNT se transformará en el *Servicio Nacional de Turismo,* que siete meses más tarde pasaría a denominarse *Dirección General de Turismo* (DGT), dependiente del Ministerio de Gobernación. Durante esta etapa no puede hablarse de modalidad alguna de planificación, debido a la atonía en la que se sume el sector, por causa de los hechos bélicos relacionados con la Segunda Guerra Mundial y por el posterior bloqueo internacional a la España fascista de la dictadura. No mejor suerte habría corrido el turismo nacional, que se había visto castigado por una pésima red de transportes y por la miseria económica en la que se hallaba el país. La Dirección General ejerce un papel tutelar sobre los restos de la anterior industria turística, vigilando los precios y manteniendo lo que quedaba de la red de albergues del período republicano.

- En 1951 se crea el *Ministerio de Información y Turismo,* como muestra de la voluntad política por desarrollar el turismo, aunque esta actividad continúe siendo regulada y tutelada por una Dirección General (DGT), a quien se declara competente para *«inspeccionar, gestionar, promover y fomentar las actividades relacionadas con la promoción de viajes, la industria hotelera y la información, atracción y propaganda, respecto de forasteros; aumentar el interés, dentro y fuera de España, por el conocimiento de la vida y territorio nacional, y ejecutar las órdenes que el Ministerio disponga para el mejor desarrollo de los servicios».* En 1954 se crearía una *Comisión Interministerial de Turismo,* después de que España se haya unido al convenio de Nueva York sobre facilidades aduaneras al turismo. Esta comisión se encargará de potenciar la oferta turística nacional, concediendo créditos para la construcción de establecimientos hoteleros a través del crédito hotelero.

Con la creación del MIT se inicia la planificación turística en sentido estricto; en 1953 y en 1959 se enuncian sendos *planes de turismo,* que son más un compendio de normativas para regular la actividad ya existente, o la previsible, que auténticos planes directrices de la actividad del sector. Son muchos los especialistas que niegan la existencia de un auténtico plan regulador de las actividades turísticas; a lo sumo admiten la intervención sectorial en alguna de las múltiples facetas de la actividad desarrollada en el sector. Sin embargo, en honor de la verdad, hay que admitir esa planificación a partir de la década de los 60, aunque sus resultados sean criticables y la actuación cuestionable desde el punto de vista social:

- En 1962, se crea la *Subsecretaría de Turismo,* que eleva el rango institucional de la política turística del Estado. Se satisface de esa forma la recomendación del Banco Internacional de Reconstrucción y Fomento, al tiempo que se admite de facto la importancia creciente adquirida por el sector: en 1952 se habían recibido 1.485.000 turistas que habían dejado un total de 58,4 millones de dólares en divisas, mientras que diez años más tarde, en 1962 el número de visitantes había superado la cifra de 8,5 millones y las divisas se habían multiplicado casi por 10 (512,6 millones de dólares); tres años más tarde se superarían los 1.100 millones de dólares y la actividad ya se había afirmado como la más importante fuente de ingresos del Estado. Ante tal situación, y en el marco de una política de desarrollo económico direccionada por la existencia de una planificación flexible y mixta (directiva y orientativa), no podía faltar un capítulo que atendiera a la política turística. La Subsecretaría de Turismo contará con dos Direcciones Generales, la de *Promoción del Turismo* y la de *Empresas y Actividades Turísticas,* cuyas competencias quedan bien definidas en su propia denominación. La Subsecretaría subsistiría hasta el año 1967, en el que se suprime en el marco de una política de contención del gasto público, pero permanecen las Direcciones Generales y todas sus competencias.

Durante esta etapa, la política turística, se encargará de ejercer su control en tres vertientes, *la del control de precios, la de la publicidad y la del ordenamiento territorial de las zonas turísticas.* En las dos primeras vertientes la actuación fue muy efectiva y hasta se puede decir que encomiable, ya que, de una parte se evitaron los posibles abusos hacia los que pudiera inclinarse un tipo de empresas que veían la posibilidad de una especulación fácil con los dineros del turista, y por la otra se estructuró la información de una forma atractiva para presentar la oferta de los espacios naturales, culturales y recreativos de que se disponían en el país. El ordenamiento territorial resultó mucho más complejo y cuestionable, pues en él intervinieron múltiples intereses privados y el ejercicio de influencias en favor de la especulación vació de contenido muchas de las normativas dirigidas a preservar las riquezas naturales y los patrimonios paisajísticos de muchos parajes.

- Las décadas de los 70 y 80 multiplicarán las iniciativas estatales para insertar la política turística en el marco más adecuado a las funciones y al momento turístico-político. Tras haber pertenecido al Ministerio de Comercio, la política turística pasará a pertenecer al Ministerio de Transportes, Turismo y Comunicaciones, con rango de Secretaría General, aunque el desarrollo de la política territorial contemplada en la Constitución de 1978, favorecerá el traspaso de competencias a los diferentes Gobiernos Autonómicos, cambiando la filosofía del Estado centralista y acercando la planificación a la política local. La coordinación de las planificaciones locales ha de ser ejercida por la Administración Central, que se encargará de la investigación de los mercados turísticos y de la promoción internacional de la oferta española. El *Instituto de Estudios Turísticos,* dependiente de la *Secretaría General de Turismo* es la institución encargada de las investigaciones, y la *Dirección General de Política Turística* quien tiene las responsabilidades de la promoción internacional del sector, distribuyendo el gasto de los algo más de tres mil millones de pesetas con que cuenta entre la promoción interna (un 20 por 100) y la promoción internacional a través de campañas de imagen y de la participación en Ferias y Exposiciones internacionales.

6.1.2. El valor de la planificación en la mejora de la oferta

Planificar es establecer las actuaciones de cara al futuro, y no puede concebirse una actuación que no trate de adecuar lo que se oferta a las exigencias de los demandantes. La demanda evoluciona y cambia en sus apetencias en función de las modas, de las situaciones sociales y de los colectivos que la conforman, por lo que cualquier planificación habrá de pulsar la opinión de los potenciales demandantes para construir su modelo.

La demanda está constituida por la suma de las apetencias de los turistas, y como éstos pertenecen a diversos colectivos y a diversas clases sociales, habrá que investigar en las tendencias y en las preferencias de los consumidores para poder efectuar una planificación que pueda ser valorada positivamente, tanto desde el punto de vista técnico como desde su evaluación práctica. Siempre que se pretenda introducir modificaciones en los componentes de la oferta de una zona o de una región turística determinada habrá que realizar, previamente, el estudio de la rentabilidad de los diversos componentes y el de las tendencias del colectivo preponderante en la zona considerada, porque la oferta será utilizada cuando se adapte a la calidad exigida por la demanda y será tanto más rentable cuanto más se adapte a la frecuencia y a la estacionalidad de la demanda.

Cuando el turismo alcanza el volumen y la universalidad que el fenómeno ha llegado a tener en España, se hace imposible el poder dar una respuesta global que resulte satisfactoria para todos; por eso en el momento actual, debe de planificarse desde las instancias regionales o comunitarias, dando soluciones plurales a lo que no puede ser presentado como un todo homogéneo.

a) La oferta se adapta a la estacionalidad de la demanda. Cuando la demanda no se distribuye homogéneamente a lo largo de todo el año, la rentabilidad de la oferta decrece y la salud económica de las empresas exige trabajar a un nivel de uso de los servicios inferior al habitual o, incluso, cerrar por un tiempo el establecimiento. La demanda turística se acomoda a dos ritmos cronológicos, el de las vacaciones de los demandantes y el de la bondad climática de las estaciones del año; por ello, la utilización de la oferta está afectada por una fuerte estacionalidad. Una buena planificación debe conseguir que la oferta se adecúe a la estacionalidad de la demanda, o presentar atractivos alternativos para que una tipología distinta de consumidores se sienta atraída por los servicios ofertados. Como la segunda de las posibilidades de este planteamiento dicotómico resulta siempre más compleja, los empresarios del sector turístico adaptan sus programas a la estacionalidad de la oferta, lo que, en definitiva, puede ser presentado como una modalidad rudimentaria de planificación puntual o singular.

La industria turística española habla de la existencia de una temporada alta, media o baja, en función de la demanda de servicios; normalmente, la temporada alta coincide con el período vacacional del verano y la baja con los meses de invierno, aunque Navidades y Semana Santa suelen ser considerados como paréntesis dentro de la temporada baja o media; no obstante, las condiciones geográficas o climáticas pueden hacer cambiar la calificación ción turística de las estaciones, ya que en las estaciones de montaña que ofertan deportes de nieve entre sus atractivos, el invierno es su temporada alta, y en el Archipiélago Canario, diciembre, enero y febrero tienen tanta demanda como agosto y no existe en las islas una temporada baja propiamente dicha.

Durante la temporada baja, en las Baleares, sólo trabajan el 25 por 100 del personal ocupado durante la temporada alta, el 40 por 100 de los establecimientos permanecen cerrados y el 60 por 100 restante sólo trabaja con unos servicios mínimos, cercanos a los estrictos necesarios para el mantenimiento. En la provincia de Gerona (Costa Brava), la estacionalidad es todavía mayor, siendo el número de establecimientos que sólo trabajan de temporada superior al 50 por 100, y el personal ocupado en los meses de menor demanda apenas llegan al 15 por 100 de los ocupados en temporada alta. Evidentemente ésos son casos extremos, pero, considerando valores medios nacionales, un 30 por 100 de los establecimientos no abren durante los meses de invierno, ofertando apenas algo más de la mitad de las plazas totales con que cuenta la oferta española, y empleando a menos de la mitad del personal habitual en temporada alta.

Como alternativa a tal configuración de la demanda la oferta ha de enriquecerse, hacerse más atractiva, para ganar nuevas cuotas de mercado tanto en el ámbito europeo o americano como en el interior del propio Estado; pero también cabría la posibilidad de abrir nuevas perspectivas al sector, mediante la planificación de un turismo social dirigido al jubilado, que representa un mercado de más de 4 millones de consumidores en España y de casi 40 millones de potenciales demandantes en el conjunto de la Europa desarrollada.

b) La oferta se adecua a la calidad exigida por la demanda. La demanda turística puede ser clasificada según diversos niveles en función del régimen de exigencias que caracterice a cada colectivo: el turista nórdico, o el belga, por ejemplo, es más exigente que el italiano o el francés. Una buena planificación de la oferta ha de atender a las calidades exigidas por los turistas, que no siempre están en consonancia con la capacidad adquisitiva de los demandantes, o incluso con la calidad social de los mismos.

Para poder efectuar las reformas necesarias para atender las apetencias de nuestros visitantes, se hace imprescindible el conocer la opinión de los mismos. Sin embargo, aquí hay que efectuar una severa crítica a la política turística desarrollada por España: cuando sería posible aplicar una encuesta institucional para detectar el grado de satisfacción de los turistas que nos visitan y para indagar en las apetencias insatisfechas de nuestros visitantes, no se ha efectuado ningún intento serio en la materia. Lo profesional sería el realizar esa consulta, tanto en el interior de nuestro país como entre los pueblos que conforman el mercado potencial de los demandantes de nuestros servicios, para poder elaborar ese estado de opinión y ofrecerlo a los empresarios del sector que actuarían en consecuencia.

Entre los actuales visitantes tenemos una amplia gama de gustos: los hay que se preocupan fundamentalmente por los servicios hoteleros y de restauración (como belgas y nórdicos); otros optan por la abundancia y calidad de las instalaciones deportivas (como los ingleses); otros prefieren albergues con amplios y cuidados espacios naturales, playas, parques, lugares pintorescos (como los alemanes); hay quienes prefieren una amplia gama de opciones recreativas (como franceses e italianos); e incluso algunos prefieren abiertamente las ciudades y realizan un turismo cultural (como norteamericanos y japoneses). Los gustos varían, dentro de cada grupo cultural, en función de la edad y, a veces, tienen más en común los jóvenes de diferentes países que el conjunto de todos los turistas procedentes del mismo pueblo, por lo que cabría diferenciar entre una oferta para jóvenes y otras para adultos, ancianos, familias, etc. Como cada zona turística tiene una clientela preferente, sería conveniente que adecuaran sus ofertas a las preferencias de aquélla.

6.2. Los factores para la planificación turística en España

A menudo se produce una cierta autocomplacencia oficial a causa de la favorable evolución de la demanda de turismo extranjero en nuestras principales áreas turísticas; la conclusión inmediata es que *estamos haciendo las cosas bien.* Sin embargo, esa correspondencia entre aumento de la demanda y adecuada planificación no siempre guardan la relación de causa-efecto. El turismo depende, en primer lugar, de la propensión de las sociedades a viajar, y en segundo lugar de la adecuación comparativa de las diferentes ofertas a los gustos o a los deseos de los demandantes; por ello, en muchas ocasiones nos vemos favorecidos en las preferencias de los viajeros por algo que no hemos hecho o que otros han hecho mal: la subida incontrolada de los precios de la oferta turística italiana durante los 70 nos favoreció a los españoles; la falta de agilidad renovadora de la oferta francesa en la Costa Azul benefició a nuestra Costa del Sol; el relanzamiento de la economía de los países desarrollados durante los dos últimos años han servido para expandir la demanda turística mundial y ante la falta de otras alternativas para el turismo de masas, España ha experimentado un aumento espectacular en el número de visitantes y en los ingresos de divisas.

Pero hay que ser conscientes y realistas, ya que todos los beneficios que tan gratuitamente recibimos pueden escapársenos si no planificamos para mantener el atractivo o la ventaja comparativa en los factores que nos han llevado a los primeros lugares entre las grandes potencias del turismo mundial. Ante la perspectiva de una necesaria planificación de cara al futuro, se hace necesario el estudiar los factores que intervienen en la rentabilidad de las ofertas y los colectivos que participan en la concreción de la demanda.

6.2.1. Valoración y participación del turismo nacional en la demanda turística

Existe una tendencia atávica a menospreciar la importancia y significación del turismo nacional en el conjunto de la actual demanda turística registrada en España; probablemente porque, en el pasado, el peso del turismo internacional era incomparablemente mayor al interno. Sin embargo, la realidad actual queda bien alejada de aquel modelo y las rentas generadas por la práctica turística provienen, en proporciones equiparables, a nacionales y extranjeros.

Las estimaciones correspondientes al consumo turístico durante 1986, valoran el total del gasto interno en un billón ochocientos diez mil millones de pesetas, y el total de gastos del turismo extranjero sólo representa una cantidad levemente superior, 1.879.000 millones de pesetas. Esta es una razón suficiente para que, ante cualquier intento de planificación del sector, de cara a la demanda futura, se tenga en cuenta el comportamiento y los gustos de los turistas nacionales.

El español ha llegado tardíamente a la práctica generalizada del turismo debido a las bajas rentas familiares, al ruralismo de la sociedad, a la estructura familiar compuesta por un largo número de miembros fuertemente cohesionados en torno a los padres y a la poca tradición nacional en el turismo social propiciada por las fuerzas sindicales o empresariales en el marco de las sociedades industrializadas. Pero, contagiado por el prestigio que la práctica turística foránea alcanzó en nuestro país durante la década de los 60 y principios de los 70, en cuanto tuvo ocasión, se lanzó a la aventura viajera con mayor fruición que el resto de los europeos. El continuo aumento en los niveles de renta familiares y la europeización de la estructura familiar incidirán, en un futuro próximo, en un aumento sustancial de la demanda, por lo que la oferta habrá de tener en consideración a este importante sector del consumo turístico y deberá planificar sus servicios para dar satisfacción a estos nuevos consumidores.

A) **Preferencias y comportamiento global del turista nacional.** El pueblo español se ha habituado al uso de un sucedáneo del consumo turístico profesionalizado, en el que los servicios son realizados en parte por el propio consumidor. Esta fórmula propia de las sociedades con menor poder adquisitivo consiste en imitar las formas del turismo tradicional, ocupando el tiempo del ocio vacacional en actividades lúdicas y recreativas, pero prescindiendo de la utilización del albergue y la restauración profesionales. La familia veranea, trasladándose desde la ciudad a la playa, por ejemplo, alquilando un apartamento turístico o particular (no controlado por la administración de los servicios turísticos) en el que repite los mismos comportamientos que desarrolla habitualmente en su residencia familiar (comida en casa, vida en familia, etc.), aunque con un mayor relajo en los horarios, en la vestimenta y en el orden, y una potenciación del tiempo recreativo.

Según una estimación realizada por el diario *Ya* en 1986 (11-10-86), el 44 por 100 de los españoles hacen turismo por un período superior a los cuatro días. De ellos, un 20 por 100 aproximadamente sale al extranjero como turistas OMT, otros muchos lo hacen como viajeros, atravesando la frontera francesa o la portuguesa por algunas horas, pero el 80 por 100 de los turistas españoles permanecen en el interior de nuestras fronteras, lo que representan algo más de 13 millones de personas. En la Fig. 6.1 ofrecemos una muestra de la distribución de los turistas españoles tanto en su consideración de turistas nacionales o internacionales, como en las preferencias territoriales de sus destinos turísticos y la opción (hotelera o extrahotelera) elegida para satisfacer sus necesidades turísticas.

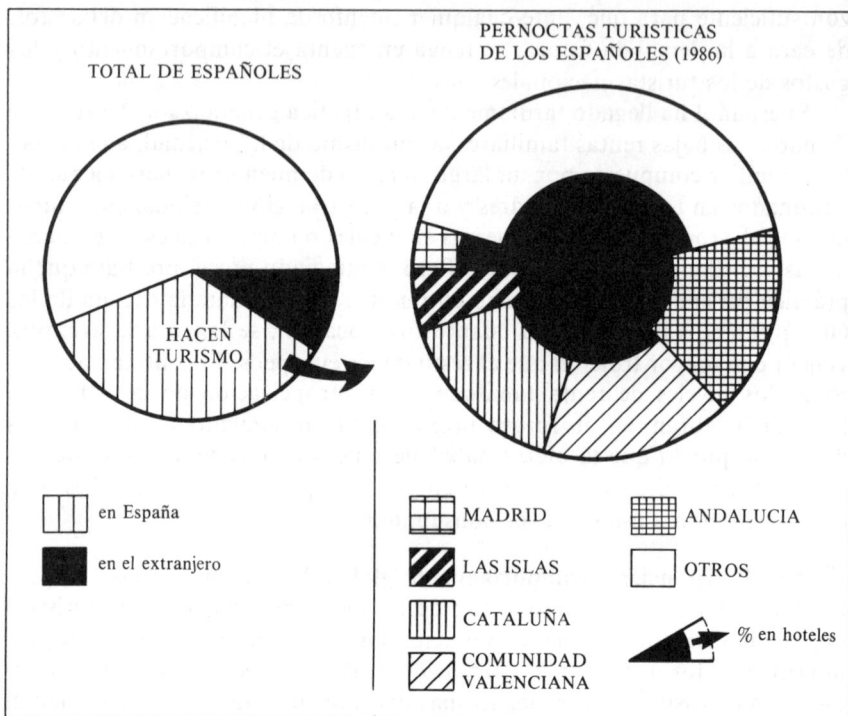

Figura 6.1. Comportamiento y preferencias de los turistas españoles durante el año 1986.

Como puede apreciarse, existe una preferencia abrumadora por el albergue extrahotelero, que incluso se acentúa con el paso del tiempo, pues mientras que en 1985 el 8,3 por 100 del total de las pernoctaciones realizadas por los turistas nacionales tuvieron lugar en establecimientos hoteleros, un año después sólo alcanzaron al 6,2 por 100 de las realizadas por el mismo colectivo. Hay que destacar, además, la alta capacidad de consumo de servicios turísticos de aquellos nacionales que realizan turismo en los establecimientos profesionales del ramo, unas 13 pernoctaciones por turista, como uso medio, mientras que los extranjeros apenas han llegado a las 10 pernoctas.

118

Si analizamos las preferencias espaciales de los españoles, observamos una clara inclinación por las regiones turísticas ubicadas en Andalucía y en la Comunidad Valenciana, y más concretamente en la Costa del Sol y en la Costa Blanca, que reciben conjuntamente más de un tercio de los turistas nacionales repartidos equitativamente; Cataluña y el área de Madrid reciben otro tercio del turismo interno, mientras que el otro tercio se lo reparten el resto de las regiones de España.

Como oferta complementaria a la de albergue y restauración, los nacionales prefieren las actividades recreativas que puedan ser disfrutadas en familia, siendo el exponente más claro de la oferta demandada los parques de atracciones, los zoos, las acampadas en parajes naturales especialmente acondicionados (merenderos de ICONA), las piscinas y los espectáculos de masas al aire libre (como el fútbol y los toros). Los jóvenes, por su parte, prefieren las discotecas y las canchas deportivas. Todos hacen un extremo uso de las playas.

B) La estacionalidad en la demanda. El aspecto más negativo de la demanda turística en general y de la nacional en particular es la estacionalidad de los períodos vacacionales que concentra todas las necesidades en un corto período de tiempo, mientras que deja ocioso la mayor parte del año, lo que obliga al cierre de muchos establecimientos, como observábamos anteriormente. Entre todos los países de la Comunidad Económica Europea, los españoles son, junto a italianos y portugueses los que más concentran sus vacaciones en un corto período del año, concretamente en torno al mes de agosto. El 43 por 100 de los españoles tomó sus vacaciones laborales en el mes de agosto, durante 1986, y otro 26 por 100 más lo hizo en julio, con lo que más de los 2/3 de los españoles se ven obligados a concentrar su demanda de servicios turísticos en sólo dos meses.

Sin embargo, la situación general no es tan grave como podría deducirse de ese simple análisis estadístico, ya que, si nos centramos en el análisis de la demanda hotelera, la estacionalidad es la que se muestra en el Cuadro 6.1.

Como la estacionalidad de la ocupación hotelera no se corresponde con la de los períodos vacacionales, hay que elaborar una explicación que nos ayude a comprender el fenómeno y a construir una teoría sobre el funcionamiento de la demanda. Son varias las componentes que ayudarían a explicar esta anomalía y entre ellas cabría destacar:

- Los desplazamientos producidos por causa profesional o de negocios no son discernibles estadísticamente, por lo que muchos de los viajeros y de las pernoctas contabilizadas en las temporadas no vacacionales no se corresponderían exactamente con una ocupación turística en sentido estricto.

CUADRO 6.1

Estacionalidad de la demanda hotelera de los turistas nacionales

	% de turistas	% de pernoctas	Pernoctas/turista (Indice medio = 100)
Trimestre 1.º	19,5	18,1	93
Trimestre 2.º	25,5	23,6	94
Trimestre 3.º	32,6	37,6	117
Trimestre 4.º	22,4	20,7	92

FUENTE: INE. Elaboración del autor.

- El 44 por 100 de los españoles que, según las encuestas, practican turismo, no están distribuidos uniformemente entre las diferentes clases sociales, sino que los más poderosos económicamente, pertenecientes al mundo empresarial, que no están sometidos a un estrecho margen temporal en sus vacaciones, son los que más representados se encuentran en el colectivo de los turistas, por lo que no han de verse afectados por las restricciones de los períodos vacacionales que disfrutan la mayor parte del personal laboral asalariado.
- La auténtica representación del turista nacional no utiliza los servicios hoteleros en su período vacacional, sino que pasa el período de descanso en alojamientos extrahoteleros (en un tercio de los casos en casa de algún familiar o amigo).

C) **Otros aspectos relacionados con el comportamiento del turista español.** La falta de educación turística en el ciudadano español y una especial tendencia a la improvisación es la causa de que más del 60 por 100 de los veraneantes españoles no planifique sus vacaciones y decida en el último momento si sale o no de vacaciones y el lugar en el que las pasará, en el caso de que la opción elegida sea la de la salida. Pero, de lo que no cabe duda, es de la propensión viajera del español; la mayor parte de los que confiesan que realizan turismo, va al extranjero, aunque la mayoría de ellos lo haga exclusivamente como visitante. De los 17,6 millones que atravesaron las fronteras, 7,5 millones se dirigió, por un tiempo inferior a las veinticuatro horas, hacia Andorra; casi otros 7 millones fueron visitantes en Portugal y Francia.

Por lo que respecta a los turistas propiamente dichos, unos 3,4 millones según las estimaciones para 1986, mostraron una tendencia especial por viajar hacia Italia (un 20 por 100), y en segundo lugar hacia los países fronterizos, Francia (un 15 por 100) y Portugal (un 13 por 100). El 80 por 100 de todos los que salieron se dirigieron a Europa y un 8 por 100 más hacia América, el resto viajó a Africa (favorecida por la proximidad geográfica), en especial a Marruecos que se encuentra en algunos de los circuitos turísticos del sur de España, y a mayor distancia hacia Túnez. Cuando salen, el 70 por 100 utiliza el automóvil, en proporción parecida al del resto de los europeos, mientras que sólo un 2 por 100 utiliza el barco, en una proporción muy inferior a la del resto de los europeos.

Es necesarsio referirse también a la homogeneización que se está produciendo en el comportamiento vacacional de los españoles que cada vez se hace más homologable al del resto de los pueblos europeos, en parte por una especie de mimetismo que nos empuja a adoptar las mismas pautas de comportamiento de aquellos que han sido nuestro modelo, perseguido durante muchos años, y en buena medida porque la ancestral estructura familiar de la sociedad española se ha roto y hoy los hijos son más independientes y los padres gozan también de esa liberalización que le ha permitido romper ataduras. Sin embargo, y a pesar de todo, la segunda residencia que fue la meta deseada de las clases medias de la España del desarrollo, se ha convertido en un direccionante de los flujos turísticos de las grandes urbes y en un retardador de los flujos turísticos hacia el exterior.

6.2.2. Las pautas de comportamiento del turista extranjero

El extranjero que visitaba España antes de la crisis de 1973 no era un turista exigente; pertenecía a una clase media que buscaba en nuestro país un buen clima y unos precios bajos que revalorizaban su dinero. El que llega después de la crisis, en la segunda mitad de los ochenta tiene ya una larga experiencia como turista, mantiene un determinado nivel de exigencias y busca, no sólo sol y descanso, sino otros nuevos atractivos. Además trata de sublimar sus frustraciones mediante la dicotomía del dominante/dominado, lo que antes ejercía por simple comparación con el residente y que hoy se ve impulsado a exigir en el servicio, ya que la evolución de la sociedad española la ha hecho más parecida a la sociedad europea y los roles que pudo representar en el pasado no son trasladables al momento actual.

El turista extranjero de 1987 es sustancialmente diferente al turista del pasado, habiendo cambiado de preferencias, de hábitos e, incluso, de metas.

A) **Las preferencias.** El turista que nos visita llega a nuestro país, en coche propio en la mayor parte de los casos (más del 61 por 100) o en avión (casi en un 30 por 100). Esos comportamientos no son los propios de la media de los turistas europeos, lo que se explica por la perificidad geográfica de España con respecto al resto del continente: en efecto, el 68 por 100 de los europeos realiza sus viajes turísticos en coche propio y sólo el 13 por 100 utiliza el avión. Ese comportamiento anómalo de los turistas que llegan a España explica la especificidad de nuestra oferta turística: en sí misma es un bien deseable para los turistas europeos, porque truncan sus hábitos para acceder a nuestras fronteras.

El 28 por 100 utiliza el hotel como alojamiento en el tiempo que permanece en nuestro país como visitante, cuadruplicando, en términos relativos, el uso que hace de esta componente de la oferta el turista nacional. Otro anómalo comportamiento si se tiene en cuenta que, a nivel europeo, el 34 por 100 de los turistas utiliza los servicios hoteleros. La peculiaridad podría explicarse si se admite que, o los hoteles españoles son comparativamente más caros que los de la media del resto de los países turísticos europeos (lo que no es cierto), o la modalidad de acceso a nuestra oferta no se realiza a través de los servicios profesionales de las agencias de viajes o los «tour operadores» que contratan el alojamiento conjuntamente con el viaje (lo que tampoco es del todo cierto), o los europeos están empezando a imitar el comportamiento de los nacionales y actúan en sus vacaciones con el sentido del que se encuentra a gusto con el lugar donde vacaciona, habiendo adquirido una segunda residencia (lo que es relativamente fácil dado el bajo coste de estas viviendas turísticas en las costas españolas). El tercero de los supuestos parece más cerca de la realidad.

Si se admiten las estimaciones realizadas por el Instituto de Estudios Turísticos sobre la distribución (en alojamientos hoteleros y extrahoteleros) de los turistas extranjeros en las diferentes áreas turísticas del país, Baleares y Cataluña serían los destinos preferidos de nuestros visitantes. La Comunidad Valenciana, Andalucía y Cataluña serían las regiones preferidas como centros del turismo no hotelero y que Madrid, Canarias, Baleares (Ibiza) y la Costa del Sol serían los lugares de destino del turista con mayor poder adquisitivo.

Se acabó el fervor con que el turista de antaño visitaba nuestra tierra, a la que admiraba en su exotismo, en la hospitalidad de sus gentes y en el primitivismo naturalista de sus playas y paisajes. Hoy el visitante busca el clima, la calidad y variedad de sus servicios, un nivel de precios razonables y una oferta popular encuadrada en las tendencias de la moda (Ibiza, Marbella o las Canarias están de moda entre los jóvenes europeos con ciertas posibilidades económicas).

B) La estacionalidad del turismo que llega de fuera. Sigue siendo el principal caballo de batalla de cara a una buena rentabilización de las instalaciones turísticas; durante ocho meses del año no existe una demanda suficiente para mantener operativos los servicios y eso, a pesar de que en Europa no se produce una concentración tan acusada de los períodos vacacionales como la que hemos constatado en el interior de nuestro propio país. A pesar de todo, el 80 por 100 de los asalariados europeos toman sus vacaciones entre junio y septiembre. La cobertura de la etapa invernal y del resto de la temporada baja hay que buscarla entre los jubilados del continente europeo, entre los pudientes de cualquier continente, entre americanos y japoneses o en la propia demanda interna.

Tradicionalmente, es febrero el mes en el que llegan menos visitantes, como agosto es el mes turístico por antonomasia; la proporción entre estos meses oscila de 1 a 5, pero la estacionalidad ha ido descendiendo a lo largo de los años, como puede observarse en el Cuadro 6.2.

CUADRO 6.2

Evolución de la estacionalidad de la demanda turística en España. (Valores relativos: 100=mes de menor número de visitantes.)

Meses	1960	1970	1980	1986	Núm. de visitantes en 1986
Enero	100	100	123	112	1.984.935
Febrero	109	101	100	100	1.760.252
Marzo	154	163	128	149	2.626.673
Abril	281	146	158	150	2.645.591
Mayo	230	218	166	198	3.501.433
Junio	365	300	201	241	4.248.450
Julio	598	575	409	420	7.403.956
Agosto	941	711	508	517	9.102.854
Septiembre	514	363	252	298	5.253.947
Octubre	264	195	144	186	3.279.344
Noviembre	170	134	107	136	2.398.096
Diciembre	177	136	136	180	3.183.262

FUENTE: Series estadísticas del INE. Elaboración del autor.

El aparente aumento de la estacionalidad producido durante 1986 en relación con el año de 1980 puede explicarse en base a estas dos razones:

- A partir del mes de marzo de 1986, las buenas perspectivas de la economía mundial y el bajón de los precios del petróleo que venía arrastrándose desde los últimos meses de 1985, motivaron una fuerte aceleración de la demanda turística europea, que afectó muy positivamente a España.
- Durante los años de crisis, y el 80 puede considerarse como tal (se produce un acusado descenso del número de turistas con respecto al año anterior), los que practican turismo son las clases más pudientes, que no se ven tan afectados por la estacionalidad como las clases medias asalariadas.

De cualquier forma, todavía habría que hablar de una estacionalidad acusada, que exige en los meses de demanda punta (agosto) más del doble (2,35 veces) de la capacidad de la oferta necesaria para dar el mismo servicio a una demanda media anual equivalente a la servida durante 1986, mientras que en los meses de mínima demanda apenas necesitaría el 44 por 100 de la teórica oferta media.

Existe, no obstante, un factor compensador de la estacionalidad, la mayor calidad del turista que nos visita fuera de estación, al menos desde el punto de vista económico, ya que el gasto medio del turista de enero casi dobla el gasto medio del turista de agosto, lo que, en parte, palía la menor rentabilidad de los servicios que se ofertan en la temporada baja. Otro aspecto positivo, de cara al futuro, es la menor estacionalidad de nuestros más cualificados clientes; los turistas procedentes de Alemania, de América y de los países nórdicos, reparten mucho más homogéneamente sus visitas. Por último, en lo que respecta a las áreas geográficas, Cataluña, Baleares y la Región Valenciana se ven mucho más afectadas que Andalucía y Canarias. Las Canarias son realmente unas «islas afortunadas», en razón de la regularidad con que llegan sus visitantes y de la capacidad de consumo que tienen los mismos.

6.3. El futuro del turismo al horizonte de la década de los años 90

En los últimos años, sobre todo en 1986 y en los tres primeros semestres del 1987, el turismo español ha vuelto a experimentar alzas espectaculares como las que no conocía desde antes de la crisis del 73; ello hace augurar un buen futuro; acabamos de salir de la crisis (si es que no vuelve a complicarse con las caídas de las Bolsas internacionales durante la segunda mitad del mes de octubre) y España parece haber llegado en este momento a una situación envidiable. Sin duda estamos al inicio de una nueva andadura, y la situación es propicia para obviar los errores que se cometieron en el pasado; ahora es la mejor ocasión para planificar seriamente, y ante esa planificación hay que partir de dos premisas básicas:

- Por una parte, hay que consolidar la envidiable posición de partida, ofreciendo a nuestros clientes aquello que les gustaría encontrar en una oferta turística ideal, y haciendo un esfuerzo imaginativo para generar nuevos atractivos y singularidades con las que poder ampliar la oferta de cara al futuro.
- Por otra parte, hay que potenciar la infraestructura de los servicios complementarios que contribuyen a la buena imagen turística de un país: una buena red de transportes, cualificados servicios sanitarios, se-

guridad ciudadana, etc. Esta potenciación se hace más urgente ante los próximos compromisos a los que ha de hacer frente nuestro pueblo, las Olimpiadas de 1992 en Barcelona y la Exposición Universal de 1992, junto a los actos conmemorativos del V Centenario del Descubrimiento (para los europeos) de las tierras y pueblos americanos, a celebrar en Sevilla.

Si no surgen nuevos nubarrones sobre el horizonte económico de los países desarrollados, y no dejamos que se deteriore nuestra oferta turística actual, 1992 puede ser el año de los 60 millones de turistas. Si la situación es esa, lo que está dentro de lo previsible, España se habría consolidado como la primera potencia mundial en la recepción de turistas y nuestro papel en la demanda del turismo de calidad tendría que haber subido muchos enteros.

Hoy, en 1987, está de moda el planificar para el año 1992. En estos cinco años se deben poner en ejecución los programas y proyectos que traten de arribar a los siguientes objetivos:

1. *La corrección o el aminoramiento de los desequilibrios regionales en materia turística,* tratando de potenciar las regiones más desfavorecidas mediante la generalización del turismo social, el desarrollo del turismo rural, la valorización del turismo cultural y folclórico, el ofertado de programas para el uso mesurado de los espacios naturales, etc.
2. *El mejoramiento de la estacionalidad turística,* lo que podría conseguirse mediante una campaña de racionalización de los períodos vacacionales en el interior, a través de la promoción del turismo de invierno entre los jubilados europeos, creando nuevos atractivos de temporada («estages» deportivos, ferias y congresos, etc.).
3. *La potenciación del turismo de alto poder adquisitivo,* lo que puede conseguirse con una oferta muy selectiva, con una infraestructura (puertos deportivos, aeropuertos, servicios sanitarios, buenas redes de intercomunicación internacional, etc.) de primera calidad y con una adecuada promoción de los enclaves turísticos.
4. *La incorporación del turismo nacional a los circuitos y redes del turismo internacional,* mediante la creación de «tour operadores» nacionales que participen en la gestión y venta de la oferta turística nacional tanto en el mercado interno como en los mercados exteriores. De esa forma los turistas nacionales se verían favorecidos por los buenos precios que las empresas profesionales ofrecen a los extranjeros a través de las contratas de grandes paquetes de servicios.

En esas circunstancias, aprovechando el escaparate de los grandes eventos de 1992, si España logra llegar a una buena parte de los presumibles visitantes de este año-meta, generando confianza entre los turistas, podría sentar las bases para que se generalizaran las colonias de extranjeros que ya surgieron durante los 60. El extranjero que compra su villa o apartamento en una colonia de vacaciones, se ata al entorno en el que fija esta segunda o tercera residencia y contribuye a que otros amigos o conocidos inicien su propia visita. No hay que olvidar que España es un país de turistas que repiten estancias en los mismos lugares que en años anteriores y hasta en los mismos establecimientos. Mejoras en la oferta, campañas de promoción y corrección y hospitalidad en la acogida son nuestros mejores avales; el resultado es provechoso para el trabajador del sector, para el sector terciario en general y para mejorar los resultados de nuestra balanza externa.

7.

Las actuales tendencias en la tipificación de una metodología para el estudio del hecho turístico

La escasez de trabajos científicos sobre el fenómeno turístico contrastan con la importancia económica y social de la realidad turística mundial. Una toma de conciencia del relevante papel llamado a desempeñar por la civilización del ocio en las sociedades desarrolladas ha sido suficiente para prestigiar los estudios y las planificaciones relacionadas con el turismo como destacada actividad terciaria. Por eso, el que hayamos creído conveniente el incluir este capítulo epílogo, de marcado tinte metodológico, en un estudio, pretendidamente descriptivo, sobre el turismo en España.

7.1. El papel del turismo en la economía internacional: Necesidad de tipificar su estudio

Desde hace al menos tres décadas, el turismo ha ido configurándose como una importante actividad económica y social de los pueblos desarrollados, y su impacto ha dejado sentirse con fuerte eco en los países subdesarrollados; sin embargo, hasta fecha muy reciente no se han conformado las conciencias supranacionales para regular y para planificar, a gran escala, el fenómeno, en consecuencia con la importancia que realmente tiene. Por las implicaciones directas que tienen para España, analizaremos cuál es el papel que se le atribuye al turismo en los grandes foros internacionales, y en especial en los marcos de la OECD y de la CEE.

7.1.1. Desde la perspectiva de la OECD

La OECD, en su informe sobre «*La política del turismo y el turismo internacional*» de 1986, destaca la relevancia del turismo en las políticas locales de creación de empleos, de aportación de divisas y de redistribución de las rentas, y aboga por un reforzamiento de las estructuras turísticas gubernamentales. El informe hace hincapié en la estrecha ligazón existente entre la actividad turística y la salubridad económica de los pueblos, tanto desde la óptica de los emisores como desde la perspectiva de los receptores; esa correspondencia no escapa a nadie que analice, aunque sólo sea superficialmente, el fenómeno.

- De una parte, *los países emisores* aumentarán su capacidad potencial de practicar el turismo en la medida en que su economía global goce de una actividad saludable, puesto que, sus ciudadanos, dispondrán de más oportunidades de gasto.
- De otra, *los países receptores* se verán favorecidos en la mejora de sus indicadores económicos (paro obrero, balanza de pagos, aumento de las rentas sectoriales, etc) en razón de las demandas de servicios que se les requieran, porque las mismas llevan como contraprestación el pago de los consumos efectuados con la consiguiente aportación de divisas y dinamización del mercado interno.

Asentado el principio de la estrecha relación existente entre la práctica turística y el saneamiento económico de los países receptores, y el del desarrollo económico de los pueblos y el consumo turístico de sus habitantes, en los países emisores, no cabe otra actuación que la de preocuparse por el estudio del sector. Como la mayor parte de los países de la OECD pertenecen al mundo desarrollado, las políticas que se recomiendan y los objetivos que se persiguen afectan tanto a los servicios turísticos ofertados a los turistas extranjeros como los que se orientan hacia el consumo interno. Haciendo una síntesis de los objetivos perseguidos por los diferentes países miembros, podemos trazar las líneas maestras de la política turística recomendada a corto y medio plazo, que se singulariza en los puntos siguientes:

1. La *promoción de los recursos naturales existentes* para que se conviertan en bienes deseables que sirvan para satisfacer apetencias de los ciudadanos.
2. La *descentralización de las actuaciones turísticas* para que puedan aprovecharse más convenientemente las posibilidades locales de los re-

cursos. Esta descentralización lleva consigo una disminución del papel directivo de los Estados que, sin embargo, deben de apoyar institucionalmente el esfuerzo inversor de las organizaciones privadas (como corresponde a una filosofía de corte capitalista, que comparten la mayor parte de los países miembros de la OECD).

3. La *mejora y diversificación de la oferta,* de modo tal que resulte tan atractiva que, por sí misma, sea un importante impulsor de la demanda. La existencia de una oferta recreativa, deportiva y cultural puede llegar a satisfacer al consumidor más exigente. Lo útil sería que tal oferta se complementara adecuadamente en los espacios turísticos, o bien, que éstos se ampliaran, especializándose en aspectos puntuales de la oferta, aunque para eso sería imprescindible una rápida, eficaz y económica red de transporte.

4. El *desarrollo y modernización de las redes de transporte,* tanto en su referencia local como en aquellas grandes líneas que sirven para conectar con las redes del transporte internacional.

5. La *potenciación de la comercialización de la oferta* de modo que alcance a todos los lugares donde pueda haber un posible demandante, lo que podría conseguirse mediante la informatización de la venta de los servicios.

6. La *promoción de los lugares escasamente industrializados,* con lo que podría subsanarse su escaso potencial económico y se corregirían los desequilibrios interregionales.

7. La *planificación de las ciudades del ocio* como centros de actividades turísticas integradas, para que, el turista que disfruta de sus vacaciones, pueda encontrar una ocupación recreativa o una respuesta a la satisfacción de sus demandas en un espacio reducido, próximo al lugar en el que vacaciona.

8. La *cooperación internacional en materia turística,* con el objeto de favorecer la movilidad de los ciudadanos, evitando todo tipo de trabas aduaneras y facilitando los trámites de entrada y salida de viajeros por las fronteras, tanto en un sentido como en otro. Esta medida debe de hacerse extensiva al trasiego de capitales y de productos adquiridos en los países receptores.

7.1.2. La reciente política turística de la CEE

En un ámbito más cercano a la realidad institucional de España, restringido al marco de la Comunidad Europea, hemos de señalar un reciente despertar de la política de la Comisión a la regulación de la actividad turística. La política turística comunitaria se inicia con *una comunicación* de la Comisión al Consejo de Ministros, que se produce en enero de 1986, y en la que se señalan unos ejes de actuación que se concretan en lo siguiente:

1. **Acciones para facilitar el turismo dentro de la Comunidad,** mediante la acción concertada de los Estados miembros sobre:

- *Los controles fronterizos* que se pretenden suprimir antes de 1992, «comunitarizando» los sistemas de visado y permisos de permanencia para los viajeros originarios de terceros países.
- *La atención sanitaria* en cualquiera de los países miembros para los ciudadanos europeos que se encuentran desplazados de su residencia habitual en otro país comunitario.
- *La promoción del ECU como moneda turística,* ya que debido a su estabilidad no caben sorpresas desagradables cuando se contrata un precio turístico con antelación, pues no existirán apreciaciones o devaluaciones que alteran la relación.
- *La protección jurídica* de los turistas, posibilitándose una asistencia legal en las mismas condiciones que los naturales del país, lo que resolvería una gran cantidad de problemas en el caso de accidente de tráfico, por ejemplo.
- *La coordinación de las políticas de transportes* haciendo extensibles a todos los ciudadanos europeos las facilidades otorgadas a un determinado colectivo social (ancianos, minusválidos, jóvenes, etc.); la potenciación del uso de los transportes trata de conseguirse mediante la elaboración de un sistema de tarifas más racional y económico.

2. **Actuaciones para distribuir mejor el turismo en el espacio y el tiempo,** ya que el 62 por 100 de los turistas europeos salen de vacaciones en julio o agosto, ocasionando en la oferta un flujo de sobrecarga en ese periodo estival y un reflujo de subutilización en los meses invernales, y produciendo aglomeraciones que aumentan los riesgos de accidentes. Por ello se trata de arbitrar medidas para:

- *Frenar la estacionalidad y la concentración,* habiéndose sustanciado una directiva europea que exige un estudio previo de impacto medioambiental antes de acometer cualquier gran obra de equipamiento. Completando esa directiva, el Consejo de Ministros invita a los Estados miembros a promover el escalonamiento de las vacaciones y a poner en explotación parajes poco frecuentados. Por encargo de la Comisión, se está realizando, durante 1987, un estudio de los flujos interregionales de viajeros y de los medios de transporte utilizados.
- *Promocionar el turismo social* mediante la elaboración de una guía europea de turismo social que sirva de pauta a los ciudadanos menos favorecidos para sacar el mayor partido posible de las disponibilidades existentes en el ámbito comunitario.
- *La promoción del turismo rural* basándose también en la elaboración de una guía y en la subvención de los proyectos de rehabilitación de lugares y viviendas rurales.

- La potenciación del turismo cultural para lo que se han iniciado, también durante las campañas turísticas de 1986 y 1987, una serie do estudios de proyectos piloto de Itinerarios culturales europeos. Para la restauración del patrimonio se conceden ayudas a través del Banco Europeo de Inversiones (BEI).

3. **La construcción de un marco para orientar mejor las intervenciones financieras de la Comunidad,** lo que serviría para rentabilizar mejor las ayudas prestadas al sector, que aunque no sean excesivamente cuantiosas, sí son significativas: entre 1980 y 1986 se han concedido casi 200.000 millones de pesetas, de forma directa o indirecta, para potenciar el sector turístico en los países comunitarios de los DIEZ. Para conseguir este objetivo de la Comisión se hace necesario:

- *El mejorar la información* a partir de la realización de estudios sistemáticos financiados o propiciados por instancias comunitarias.
- *El establecer un plan de prioridades en la concesión de las ayudas financieras* de modo que éstas permitan una descentralización de la oferta y una mejor distribución geográfica de las estaciones turísticas.

4. **Atender a una mejor información y protección de los turistas** cuyo plan se halla en fase de desarrollo en el momento actual, teniendo como cauces de actuación:

- *Las guías prácticas del viajero* elaboradas en 1986 y 1987 con formato de desplegables bajo la denominación «Viajar por Europa», que incluyen una serie de datos útiles para la práctica del turismo y para la orientación personal de los turistas.
- *La normalización de la información hotelera* mediante la adopción de símbolos comunes para señalar las instalaciones y servicios disponibles, y la inclusión del precio de los servicios en ECUs.
- *La aprobación de una directiva que regule la defensa de los interreses del turista* ante el posible fraude al que fuera sometido por la progaganda engañosa de los «tours operadores», agilizando los trámites para efectuar las reclamaciones y para resarcirse de los daños que se le hubieren ocasionado.

5. **Mejorar el conocimiento del sector y organizar la cooperación intraeuropea en materia turística** para lo que se hace necesario la adopción de unos mismos criterios para elaborar y procesar las informaciones, al tiempo que resultaría conveniente la constitución de escuelas para la preparación de los profesionales del sector. Las accciones recomendadas son:

- *La homologación de las estadísticas y encuestas,* lo que se conseguiría por la armonización de las estadísticas nacionales. Los primeros trabajos comunitarios en este sentido se iniciaron en 1986, tras la entrada de España y Portugal. Al mismo tiempo se establece un marco de consultas, como ya existe en otros sectores económicos, para que los Estados miembros se pongan de acuerdo en los temas turísticos que puedan presentar un interés común; todo ello se realizará en el marco de un Comité de Turismo.

• *La utilización de la telemática y de la informática* para agilizar y optimizar el sistema de reservas de servicios y para potenciar el análisis del mercado laboral (empleo y demanda) en cada región turística.

• *El desarrollo de la formación profesional,* utilizando para ello los recursos del Fondo Social Europeo, y elaborando un marco para conectar las enseñanzas y el intercambio de experiencias entre las diferentes escuelas; se recomienda también el intercambio de alumnos entre escuelas de diferentes países para favorecer el aprendizaje de idiomas.

Merced a la relevancia alcanzada por el turismo en las economías de los pueblos y en la demanda social de los ciudadanos hoy se nos presenta como una actividad básica en la atención de los gobiernos y en el punto de mira de los grupos económicos. La creciente preocupación de los organismos internacionales avala el futuro del sector; pero la carencia de estudios teóricos que permitan una regulación científica de sus actuaciones no favorece la necesaria expansión racional del sector. Por eso, en la actualidad, se observa un progresivo intento por potenciar los trabajos de investigación social, económica y geográfica que se relacionan directamente con el fenómeno turístico; de ahí la necesidad de homologar una metodología para la realización de estudios turísticos regionales o locales.

7.2. El papel de las tablas «Imput-Output» en la investigación turística

Admitido el principio, hoy comúnmente aceptado, de la representatividad económica del sector turístico, se hace necesaria una esquematización del proceso según el cual se genera la renta turística:

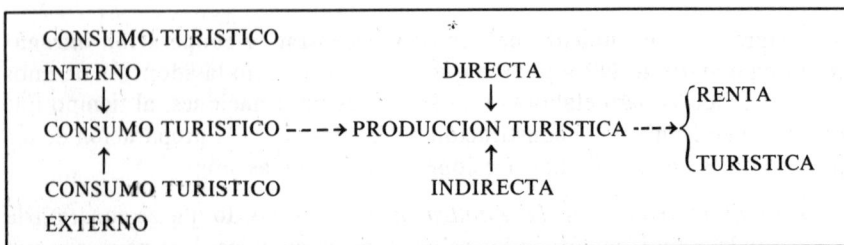

```
CONSUMO TURISTICO
INTERNO                            DIRECTA
   ↓                                  ↓          ⎧ RENTA
CONSUMO TURISTICO ----→ PRODUCCION TURISTICA --→⎨
   ↑                                  ↑          ⎩ TURISTICA
CONSUMO TURISTICO                  INDIRECTA
EXTERNO
```

Por lo que respecta a la **renta turística,** ésta se distribuye entre el *trabajo, el capital* y el *fisco.* Y para atender a la contabilidad científica de esta actividad, puede utilizarse la metodología representada por las tablas *Inputs-outputs,* puestas a punto en cualquiera de los países desarrollados del mundo y, por supuesto, incardinadas en la Contabilidad Nacional de España.

Como la mayor proporción del producto turístico tiene la categoría de *servicios* (alojamiento, transporte, restauración, recreación, etc.), que no pueden ser imputados exclusivamente a la actividad turística, parece coherente el considerar homologables el valor de la producción turística con el del consumo turístico. **El cálculo del consumo turístico,** en España, se puede efectuar a través de *encuestas,* para evaluar el consumo del turismo interno, y mediante el **registro de caja del Banco de España,** para evaluar el consumo del turismo internacional.

El valor real de las entradas y salidas de las tablas no podrá alcanzarse sin una delimitación previa de *las actividades que pertenecen al sector* y su peso relativo en la economía de la región o del espacio estudiado sólo se alcanza tras haber efectuado *un análisis de las variables empleo y precios.*

7.2.1. La delimitación de las actividades que pertenecen al sector

Es cierto que existen determinadas actividades que pueden ser consideradas específicamente como pertenecientes al ámbito de lo turísico (como la fabricación y venta de artículos de recuerdo, la hostelería o la actividad de las agencias de viajes); aunque otras resultan tan fácilmente definibles en función del área en la que se localicen (por ejemplo, los restaurantes de las ciudades que son utilizados indistintamente por los residentes no turistas y por los visitantes). Para delimitar los consumos turísticos de estas actividades que son demandadas por una población de origen tan diverso, la OMT diferencia entre lo que denomina *turismo urbano* y *turismo denso.*

A) El turismo urbano

Es el que se practica en las aglomeraciones urbanas importantes y donde sólo constituye una actividad entre otras. Es casi exclusivamente hotelero, pero afecta también a:

• *Restaurantes,* que ofrecen comidas tanto a los residentes como a los turistas. La determinación del consumo turístico de los restaurantes se apoya en estas hipótesis de trabajo:

a) La hostelería es el único medio de alojamiento turístico en las aglomeraciones urbanas.

b) A una pernoctación del hotel corresponden dos comidas. Por tanto la delimitación del uso turístico de los restaurantes se hace en función de la ocupación hotelera, lo que tampoco es totalmente exacto.

• *Taxis,* que realizan una actividad mixta, pudiéndose determinar la parte que corresponde al consumo turístico mediante investigación muestral:

a) Se eligen unos ciertos días, al azar, durante el año.

b) Se contabiliza el número total de carreras durante cada uno de los días considerados.

c) Se contabiliza el número de carreras en las que el viajero ocupa o sale del taxi en uno de los puntos siguientes: aeropuerto, estación de viajeros, hotel, lugar de atracción turística.

d) Se establece la comparación (o porcentaje) entre los viajes turísticos y los viajes totales.

De esta forma queda establecido el consumo debido al turismo.

• *Espectáculos folclóricos, museos y monumentos,* en los que es razonable admitir que la parte más importante de su actividad corresponde a una demanda puramente turística. La proporción de tal demanda se puede determinar por investigación muestral.

• *Actos ocasionales, exposiciones, reuniones deportivas internacionales, festivales, etc.,* que son frecuentados tanto por residentes como por turistas. Para determinar la proporción entre unos y otros hay que efectuar un muestreo.

B) El turismo denso

El turismo denso se localiza en centros turísticos, que tienen en este sector su principal fuente de ingresos en el marco de su vida económica. Se puede calcular la parte de esa actividad que corresponde al consumo turístico mediante el análisis estadístico del consumo en cada una de las ramas de actividad económica.

— Alimentación;
— transporte;
— alojamiento;
— gastos sanitarios, y
— actividades recreativas de todo tipo.

Se determina el volumen global del consumo en cada uno de los meses del año (V_g), y se le resta el volumen calculado del consumo debido a los residentes (V_r). V_r se calcula multiplicando el número de residentes por el consumo medio por habitante de otra población no turística del entorno geográfico o socioeconómico. La proporción del consumo turístico con respecto al consumo total será:

$$((V_g - V_r)/V_g) * 100$$

La suma de todas las V_g correspondientes a cada una de las ramas de la actividad económica contabilizada en la localidad o en el área turística de referencia nos informa sobre el consumo turístico en el mes analizado y, la suma de los consumos correspondientes a todos los meses del año sirve de indicativo para calcular la renta económica del sector.

**C) Diferenciación entre actividad turística aparente
y actividad turística real**

Es criterio de la OMT, el diferenciar las actividades turísticas en función de los beneficios que reportan a los países de acogida. En este sentido, no podrían considerarse ingresos turísticos aquellos que provienen de los consumos efectuados por los nacionales del país, pues cabe suponer que el consumo lo habría efectuado en su lugar de residencia de no haberlo efectuado en el que vacaciona. La actividad turística real será, por tanto, aquella que genera consumos efectuados por los extranjeros en el país de acogida del turista.

Como quiera que los consumos turísticos evaluados por los procedimientos señalados anteriormente no permiten discernir sobre la naturaleza del consumidor (nacional o extranjero), de nuevo hay que tornar a la realización de encuestas para determinar los consumos reales del turismo. Sería, pues, necesario que en cada núcleo de cierta importancia turística hubiera una oficina estadística para calcular el grado de dependencia de la economía local con respecto al turismo; así sería relativamente fácil adoptar medidas que sirvieran para sanear la economía local y para aumentar los ingresos totales del área considerada mediante la realización de inversiones en la oferta y en la promoción de los servicios más demandados por los visitantes.

7.2.2. Análisis de las variables «empleo» y «precios»

Una de las mayores ventajas sociales que se derivan de la actividad turística es la de las posibilidades laborales suscitadas en el ejercicio de tal actividad. En otro orden de cosas, las perspectivas de futuro de la actividad turística están estrechamente ligadas a la relación existente entre calidad de la oferta y precios exigidos por el producto o por el servicio. Uno y otro aspectos constituyen dos elementos básicos en todo estudio turístico, y por ello hemos creído necesario el hacer una breve referencia a las principales recomendaciones efectuadas por la OMT en relación a su tratamiento.

A) ¿Cómo se delimita la importancia del empleo en el sector?

El INE (Instituto Nacional de Estadística) edita unas hojas mensuales, por provincias, en las que informa sobre el total de personas que trabaja en la hostelería; pero no existen datos sobre el resto de personas que trabajan en otras ramas de actividad que pueden considerarse como complementarias. Se puede decir que la ocupación de esos trabajadores que laboran en trabajos que ofertan parte de sus servicios a turistas, realizan una actividad a tiempo parcial para el turismo, que debe ser cuantificada por relación a la parte del consumo de esa rama productiva que es imputable al turismo. Así, si consideramos la ocupación de los taxistas que es imputable a la actividad turística, y tenemos calculado ya la parte de la actividad que ha sido demandada por turistas (imaginemos un 30 por 100), entonces, el número de empleos generados por el turismo en el sector puede evaluarse en un 30 por 100 de los que ejercen como taxistas en el espacio geográfico considerado.

El empleo turístico lo comprenden aquellos que trabajan en los *servicios que están montados en exclusividad para el consumo turístico,* ya sean como laborantes en negocio propio o como asalariados, bien se trate de personal fijo o eventual, además los que trabajan *en empresas mixtas* que ofrecen sus servicios tanto a los turistas como a los que no lo son (éstos se contabilizan en un porcentaje del total de los empleados en la empresa). La OMT recomienda que se lleve un fichero de empresas turísticas y de empresas mixtas, en el que se especifique el número de trabajadores, la relación laboral con la empresa (asalariado o no asalariado, fijo o eventual, categoría profesional) y el total de la remuneración bruta de los trabajadores.

Por lo que respecta a España, se calcula que más del 10 por 100 de la población activa trabaja por y para el turismo, lo que suponen en torno a 1.300.000 puestos de trabajo, de los que más de medio millón están empleados en empresas que producen bienes y servicios exclusivamente turísticos.

B) ¿Qué es y cómo se construyen los índices de precios?

Para orientar la política turística y para definir las acciones y medidas que deben tomarse en materia de precios y de promoción del producto turístico, frente a las modificaciones de la demanda turística nacional e internacional, la OMT propone la elaboración de índices de precios turísticos. Los precios ejercen una función estimulante o disuasoria del consumo del producto turístico.

En España, el índice se obtiene mediante la aplicación de los precios del mercado interior a la estructura del consumo de los turistas extranjeros y trata de medir la evolución global de los precios del conjunto de bienes y servicios que consumen los extranjeros en España. Se utilizan las mismas rúbricas que sirven para evaluar el IPC (Indice de Precios al Consumo) nacional o local, ponderándose cada grupo de bienes o servicios según los pesos que se muestran en el Cuadro 7.1.

CUADRO 7.1

Peso de los componentes que intervienen en la elaboración
del índice de precios turísticos

Grupo de bienes o servicios	Peso o ponderación
Alimentación	0,05876
Vestido y calzado	0,02156
Gasto de vivienda	0,00317
Muebles	0,00270
Productos textiles	0,00247
Menajes y repuestos	0,01196
Artículos de limpieza	0,00528
Servicios del hogar	0,00555
Medicina y farmacia	0,00840
Transporte privado	0,07039
Transporte público urbano	0,00734
Transporte público interurbano	0,11325
Comunicaciones	0,01356
Objetos recreativos	0,00266
Publicaciones	0,01782
Esparcimiento	0,02467
Gastos de uso personal	0,03534
Servicios de hostelería	0,59512

FUENTE: Coyuntura turística. Instituto Español de Turismo.

Multiplicando los índices mensuales que publica el INE por los pesos otorgados a cada grupo, podemos calcular el IPT (Indice de Precios Turísticos) mensual. Si comparamos los IPTs de diferentes países concurrentes en un espacio turístico, compuestos con las variaciones porcentuales positivas (revalorizaciones) o negativas (devaluaciones), de sus respectivas monedas, podremos establecer la pérdida o ganancia de competitividad del sector turístico de cada país en relación con el del país comparado; por ejemplo, si en Italia aumentó el IPT en un 6 por 100 en un año de referencia, y en España, durante el mismo periodo de tiempo, aumentó en un 8 por 100, al tiempo que la moneda española se revalorizó con respecto a la italiana en un 1 por 100 durante el mismo año, la competitividad del sector turístico español con respecto al italiano habría disminuido en la siguiente proporción:

$$(8\% + 1\%) - 6\% = 3\%$$

lo que tendrá sus repercusiones en la demanda de cara a la siguiente temporada, por lo que se haría necesario el tomar medidas para no perder la clientela, bien sea mediante campañas de imagen o mediante una mejora de los servicios ofertados.

7.2.3. La tendencia hacia la homogeneización de las metodologías

Para que los estudios puedan ser fácilmente comparables, se hace necesario la adopción de unos mismos criterios metodológicos para realizar investigaciones de carácter turístico. La OMT, desde su gabinete técnico, trata de dictar las normas básicas que ayuden a homologar los trabajos; sus publicaciones en cuadernillos, bajo el epígrafe de *Técnicas y métodos estadísticos,* son la plasmación de esa preocupación. Cuando todos los investigadores trabajen bajo la dirección de unos mismos parámetros, se conseguirán unos resultados equiparables, y de esta forma se podrá conocer el estado real de las ofertas, demandas y actividad turística de cada país, cada región o espacio geográfico, en relación con los demás.

Las tendencias actuales tratan de apoyar las investigaciones en la Estadística, la Econometría y el análisis cuantitativo de los componentes que intervienen en el hecho turístico. Tres son las clases de modelos sobre los que trabajan los estudiosos:

- *Modelos explicativos* o de comportamiento de la actividad turística.
- *Modelos de decisión,* que orientan sobre las posibles alternativas que pueden elegirse en la adopción o en el desarrollo de la política turística.
- *Modelos de predicción,* que sirven para predecir los futuros comportamientos de los componentes que intervienen en el hecho turístico.

Sobre cada uno de ellos pueden construirse otra serie de modelos más específicos que atienden a la *previsión de los movimientos turísticos, del consumo y de los ingresos derivados de la actividad turística, a la investigación de los factores que intervienen en los movimientos turísticos, a la atracción o repulsión de las áreas y a la distribución de la oferta y la demanda, etc.*

Cualquiera de los modelos anteriormente citados se basan en la realización de encuestas y en la extrapolación de los datos obtenidos en estudios muestrales; por ello, no cabe una forma seria de investigación que no sea institucional, que gran cantidad de medios y el coste que se precisa para obtener datos fiables en los que apoyar las metodologías.

Pero junto al estudio muestral, deben atenderse las informaciones recogidas mediante la elaboración de censos estadísticos, y las que provienen de las variables económicas de tratamiento fiscal. Como muchas de éstas aparecen reflejadas en las tablas de contabilidad nacional, y están normalizadas en tablas *Inputs-Outputs* (I-O), será sumamante interesante construir las propias tablas I-O para el sector turístico, como parte de las tablas nacionales, actualizadas o modificadas por los resultados de la investigación muestral. En España existen condiciones suficientes para construir estas tablas, y la importancia del sector sobrepasa los volúmenes mínimos a partir de los cuales cabe pensar en la posibilidad de realizar estudios sociales para conocer las variables que no quedan reflejadas en las estadísticas generales de la economía nacional o local.

En el marco de las Comunidades Europeas, EUROSTAT (la Oficina de Estadística) se encarga de homogeneizar los datos nacionales y regionales de los países miembros, y la Comisión se preocupa de encargar sondeos generales para conseguir una información homogénea en todo el territorio comunitario.

Apéndice:
Tablas estadísticas

TABLA 1

Visitantes extranjeros y españoles residentes en el extranjero,
llegados año 1986-1985

	Entrada año 1986	Entrada año 1985	% variación 1986/1985	Diferencia en valores absolutos
Extranjeros	45.382.018	41.244.227	10,0	4.137.791
Españoles residentes en el extranjero	2.006.775	1.991.136	0,8	15.639
TOTAL GENERAL........................	47.388.793	43.235.363	9,6	4.153.430

NOTA: En el año 1986 entraron en España un total de 47.388.793 visitantes que, frente a los 43.235.363 que lo hicieron en el año 1985, representa una variación del 9,6 por 100 en términos relativos y de 4.153.430 en valores absolutos.

FUENTE: Secretaría General de Turismo (Dirección General de Política Turística).

TABLA 2

Total de visitantes entrados en España procedentes del extranjero

Meses	Año 1986	Año 1985	% variación	Diferencia
Enero	1.984.935	1.809.238	9,7	175.697
Febrero	1.760.252	1.679.790	4,8	80.462
Marzo	2.626.673	2.149.235	22,2	477.438
Abril	2.645.591	2.919.590	–9,4	–273.999
Mayo	3.501.433	3.079.927	13,7	421.506
Junio.................................	4.248.450	4.019.152	5,7	229.298
Julio..................................	7.403.956	6.837.385	8,3	566.571
Agosto	9.102.854	8.002.015	13,8	1.100.839
Septiembre..........................	5.253.947	4.696.554	11,9	557.393
Octubre..............................	3.279.344	3.093.360	6,0	185.984
Noviembre	2.398.096	2.073.529	15,7	324.567
Diciembre	3.183.262	2.875.588	10,7	307.674
TOTAL GENERAL......................	47.388.793	43.235.363	9,6	4.153.430

FUENTE: Secretaría General de Turismo (Dirección General de Política Turística).

TABLA 3

Total de visitantes que han entrado en España por diferentes clasificaciones

	Año 1986	Año 1985	% variación	Diferencia
Visitantes entrados con pasaporte o tarjeta de identidad:				
Ferrocarril...............................	2.340.429	2.285.333	2,4	55.096
Carretera.................................	27.872.629	25.241.348	10,4	1.631.281
Puertos marítimos.....................	645.645	634.258	1,8	11.387
Aeropuertos	13.767.703	12.291.782	12,0	1.475.921
TOTAL	44.626.406	40.452.721	10,3	4.173.685
Visitantes en tránsito por puertos.............................	755.612	791.506	–4,5	–35.894
TOTAL VISITANTES EXTRANJEROS	45.382.018	41.244.227	10,0	4.137.791
Españoles residentes en el extranjero:				
Ferrocarril...............................	260.251	266.059	–2,2	–5.808
Carretera.................................	1.393.138	1.354.801	2,8	38.337
Puertos marítimos.....................	4.431	5.335	–16,9	–904
Aeropuertos	348.955	364.941	–4,4	–15.986
TOTAL	2.006.775	1.991.136	0,8	15.639
TOTAL GENERAL......................	47.388.793	43.235.363	9,6	4.153.430

FUENTE: Secretaría General de Turismo (Dirección General de Política Turística).

TABLA 4

Visitantes por fronteras

	Año 1986	Año 1985	% variación 1986/1985	Diferencia en valores absolutos	Participación en el total
Francia...............	21.066.363	20.276.384	3,9	789.979	44,4
Portugal.............	9.408.793	7.391.509	27,3	2.017.284	19,9
Marruecos..........	1.391.291	1.479.648	–6,0	–88.357	2,9
TOTAL FRONTERAS TERRESTRES..........	31.866.447	29.147.541	9,3	2.718.906	67,2
Puertos marítimos...........	1.405.688	1.431.099	–1,8	–25.411	3,0
Aeropuertos.....................	14.116.698	12.656.723	11,5	1.459.975	29,8
TOTAL GENERAL..............	47.388.793	43.235.363	9,6	4.153.430	100,0

NOTA: El 67,2 de nuestros visitantes extranjeros, en el año 1986, realizaron su entrada por fronteras terrestres, correspondiendo a los puestos con Francia el 44,4, a Portugal el 19,9 y a Marruecos el 2,9. Por los diferentes puertos llegaron el 3,0 del total de visitantes mientras que el transporte aéreo fue utilizado por el 29,8.

FUENTE: Secretaría General de Turismo (Dirección General de Política Turística).

TABLA 5

Visitantes entrados, según medios de transporte utilizados

	Año 1986	Año 1985	% variación	Diferencia
Ferrocarril................................	2.600.680	2.551.392	1,9	49.288
Carretera..................................	29.265.767	26.595.149	10,0	2.669.618
Puertos marítimos....................	1.405.688	1.431.099	–1,8	–25.411
Aeropuertos	14.116.658	12.656.723	11,5	1.459.935
TOTAL GENERAL........................	47.388.793	43.235.363	9,6	4.153.430

FUENTE: Secretaría General de Turismo (Dirección General de Política Turística).

TABLA 6

Ingresos por turismo, en millones de dólares

Meses	Año 1986	Año 1985	% variación	Diferencia
Enero	646,0	484,5	33,3	161,5
Febrero	603,7	398,6	51,5	205,1
Marzo	635,0	423,6	49,9	211,4
Abril	877,6	538,2	63,1	339,4
Mayo	831,1	611,4	35,9	219,7
Junio	1.034,1	658,7	57,0	375,4
Julio.................................	1.471,9	1.013,2	45,3	458,7
Agosto	1.498,3	1.115,4	34,3	382,9
Septiembre.........................	1.507,2	902,3	67,0	604,9
Octubre.............................	1.288,1	909,6	41,6	378,5
Noviembre	876,2	571,1	53,4	305,1
Diciembre	789,2	524,2	50,5	265,0
TOTAL GENERAL.....................	12.058,4	8.150,8	47,9	3.907,6

NOTA: Según datos facilitados por el Banco de España, departamento de extranjeros, los cambios efectuados hasta 250 dólares de enero-diciembre 1986, cuyo importe es de 151,0 millones de dólares, son en su mayoría imputables a la balanza turística y no están incluidos.

FUENTE: Secretaría General de Turismo (Dirección General de Política Turística).

TABLA 7

Pagos por turismo, en millones de dólares

Meses	Año 1986	Año 1985	% variación	Diferencia
Enero	78,1	49,9	56,5	28,2
Febrero	102,2	45,9	122,7	56,3
Marzo	97,2	70,5	37,9	26,7
Abril	134,6	75,3	78,7	59,3
Mayo	166,6	51,3	224,7	115,3
Junio.................................	32,1	72,9	−55,9	−40,8
Julio.................................	150,0	107,5	39,5	42,5
Agosto	155,5	148,5	4,7	7,0
Septiembre.........................	164,4	108,4	51,7	56,0
Octubre.............................	151,5	122,2	24,0	29,3
Noviembre	140,1	84,5	65,8	55,6
Diciembre	141,5	73,2	93,3	68,3
TOTAL GENERAL.....................	1.513,8	1.010,1	49,9	503,7

FUENTE: Secretaría General de Turismo (Dirección General de Política Turística).

TABLA 8

Saldo por turismo, en millones de dólares

Meses	Año 1986	Año 1985	% variación	Diferencia
Enero	567,9	434,6	30,7	133,3
Febrero	501,5	352,7	42,2	148,8
Marzo	537,8	353,1	52,3	184,7
Abril	743,0	462,9	60,5	280,1
Mayo	664,5	560,1	18,6	104,4
Junio................................	1.002,0	585,8	71,0	416,2
Julio.................................	1.321,9	905,7	45,9	416,2
Agosto	1.342,8	966,9	38,9	375,9
Septiembre........................	1.342,8	793,9	69,1	548,9
Octubre............................	1.136,6	787,4	44,3	349,2
Noviembre	736,1	486,6	51,3	249,5
Diciembre	547,7	451,0	43,6	196,7
TOTAL GENERAL......................	10.544,6	7.140,7	47,7	3.403,9

FUENTE: Secretaría General de Turismo (Dirección General de Política Turística).

TABLA 9

Personal empleado en hostelería por provincias
(agosto de 1986)

Provincias	Total personal	Personal fijo		Personal eventual	
		Remunerado	No remunerado	Remunerado	No remunerado
Alava................................	1.515	1.146	52	286	31
Albacete	1.638	1.116	313	197	12
Alicante............................	30.198	12.252	1.626	15.936	384
Almería	5.229	1.816	518	2.789	106
Asturias............................	4.613	2.818	365	1.359	71
Avila................................	1.315	841	126	282	66
Badajoz	1.492	1.099	91	297	5
Baleares............................	151.800	57.429	3.459	90.092	820
Barcelona	39.138	23.633	1.908	12.084	1.513
Burgos..............................	3.964	2.440	352	1.004	168
Cáceres.............................	2.393	1.590	283	441	79
Cádiz................................	7.352	3.377	791	3.042	142
Cantabria	5.482	1.944	804	2.423	311

TABLA 9 *(Continuación)*

Provincias	Total personal	Personal fijo		Personal eventual	
		Remunerado	No remunerado	Remunerado	No remunerado
Castellón	7.168	2.542	683	3.540	403
Ciudad Real	2.354	1.498	334	345	177
Córdoba	3.128	2.446	272	368	42
Coruña (La)	6.212	4.058	1.024	1.056	74
Cuenca	774	538	45	191	
Gerona	38.210	15.061	1.405	20.964	780
Granada	7.283	3.649	792	2.448	394
Guadalajara	1.291	757	221	278	35
Guipúzcoa	2.471	1.428	273	751	19
Huelva	3.036	1.936	136	925	39
Huesca	2.847	1.192	343	1.184	128
Jaén	2.281	1.395	268	517	101
León	3.479	2.251	839	355	34
Lérida	6.910	3.460	1.035	2.136	279
Lugo	1.571	1.091	206	219	55
Madrid	37.064	30.532	1.116	5.164	252
Málaga	46.721	27.434	1.190	17.759	338
Murcia	4.232	1.748	266	2.149	69
Navarra	3.093	1.466	214	1.312	101
Orense	1.377	985	54	326	12
Palencia	1.219	769	182	231	37
Palmas (Las)	31.898	25.072	332	6.479	15
Pontevedra	7.820	3.689	1.591	2.236	304
Rioja (La)	1.754	787	199	745	23
Salamanca	3.112	2.107	461	478	66
Santa Cruz de Tenerife	30.753	24.434	505	5.579	235
Segovia	1.827	1.055	304	442	26
Sevilla	6.682	5.247	194	1.150	91
Soria	1.331	932	133	266	
Tarragona	10.685	3.545	462	6.596	82
Teruel	1.407	975	92	315	25
Toledo	1.541	1.044	196	261	40
Valencia	9.142	5.810	467	2.815	50
Valladolid	2.875	2.005	313	544	13
Vizcaya	1.449	1.176	36	221	16
Zamora	1.309	942	127	231	9
Zaragoza	6.614	4.168	353	2.045	48
Ceuta	390	359		31	
Melilla	472	286		186	
Total	559.911	301.370	27.351	223.070	8.120

FUENTE: Secretaría General de Turismo (Dirección General de Política Turística).

TABLA 10

Número de pernoctaciones de los viajeros según su nacionalidad. Año 1986

Provincia	TOTAL			NACIONALIDAD							
	General	Españoles	Extran-jeros	Alemania	Benelux	Francia	Ingla-terra	Escandi-navia	Resto Europa	EE.UU. y Canadá	Otros países
Alava	233.901	132.088	51.813	5.744	3.088	9.046	4.443	763	9.176	5.961	13.592
Albacete	197.362	182.499	14.863	4.197	578	4.172	1.182	93	2.692	823	1.126
Alicante	10.603.451	3.952.193	6.651.258	229.312	1.343.458	359.372	4.257.209	141.539	220.765	34.387	65.216
Almería	1.629.866	661.353	968.513	405.538	64.471	31.007	419.040	6.050	26.981	5.101	10.325
Avila	228.322	200.257	28.065	4.292	2.052	5.216	4.332	251	3.949	4.361	3.612
Badajoz	366.995	319.388	47.607	3.946	1.693	6.099	3.404	391	20.999	6.516	4.559
Baleares	38.760.258	3.073.360	35.686.898	11.426.904	1.563.548	2.156.125	16.006.864	1.281.162	2.882.195	107.795	262.305
Barcelona	7.648.336	2.850.372	4.797.964	1.146.899	461.527	315.723	1.256.700	170.075	739.125	162.758	545.157
Burgos	507.826	406.890	100.936	13.177	11.031	29.743	10.364	1.002	24.086	4.318	7.215
Cáceres	443.332	413.552	29.780	3.362	2.388	7.043	3.352	432	6.986	3.224	2.993
Cádiz	1.393.150	902.570	490.580	146.711	14.693	76.613	83.740	5.546	71.682	60.223	31.372
Castellón	1.031.400	652.738	368.662	149.473	25.543	72.553	49.835	6.134	53.631	3.577	7.912
Ciudad Real	303.726	260.329	43.397	4.137	4.214	14.956	5.929	1.937	4.318	4.170	3.736
Córdoba	541.789	354.399	177.390	25.964	8.124	34.666	19.213	1.924	32.157	25.435	29.907
Coruña (La)	1.109.708	1.010.608	99.100	11.069	4.074	14.230	8.913	1.564	25.972	10.464	22.814
Cuenca	190.177	175.895	14.282	2.174	951	2.346	2.120	287	2.419	2.420	1.565
Gerona	7.910.626	1.385.170	6.525.456	2.471.367	1.145.728	915.905	1.105.827	66.874	720.228	40.547	58.980
Granada	1.474.803	884.364	590.439	75.999	25.000	88.762	65.547	12.368	129.764	69.607	123.392
Guadalajara	176.829	151.797	25.032	4.598	1.438	6.020	2.635	430	6.694	1.802	1.415
Guipúzcoa	676.251	504.381	171.870	20.980	10.148	20.917	27.846	6.638	38.599	13.074	33.668
Huelva	688.536	421.917	266.619	232.880	1.691	4.166	5.634	1.069	13.704	3.149	4.326
Huesca	693.284	643.649	49.635	3.668	5.735	18.073	13.717	995	4.048	1.418	1.981
Jaén	385.996	342.531	43.465	8.347	4.059	10.042	6.667	715	4.824	4.461	4.350
León	571.116	552.282	18.834	4.081	1.637	3.709	2.073	225	2.128	1.927	3.054
Lérida	965.296	871.572	93.724	7.376	5.910	43.476	14.127	2.601	11.352	3.490	5.392
Lugo	282.271	263.532	18.739	4.586	960	1.851	2.380	425	2.789	1.630	4.118
Madrid	7.815.544	4.726.124	3.089.420	164.982	73.880	186.304	142.530	57.461	577.121	495.527	1.391.615

FUENTE: Secretaría General de Turismo (Dirección General de Política Turística).

TABLA 10 *(Continuación)*

Provincia	TOTAL			NACIONALIDAD							
	General	Españoles	Extran-jeros	Alemania	Benelux	Francia	Ingla-terra	Escandi-navia	Resto Europa	EE.UU. y Canadá	Otros países
Málaga................	9.471.497	1.930.921	7.540.576	752.476	805.096	591.764	3.727.279	424.878	567.880	373.643	297.560
Murcia................	1.418.636	1.135.474	283.162	86.423	23.185	28.674	76.541	10.702	42.390	4.928	10.319
Navarra...............	551.881	504.894	46.987	7.648	4.151	13.377	7.140	399	6.704	3.391	4.177
Orense................	252.519	234.051	18.468	1.621	451	1.270	951	168	5.772	485	7.750
Oviedo................	822.756	769.895	52.861	9.827	3.289	5.613	5.969	1.265	8.428	3.837	14.633
Palencia..............	166.780	151.514	15.266	1.655	1.169	4.282	2.645	192	4.509	249	565
Palmas (Las)........	7.897.381	1.345.993	6.551.388	3.319.410	358.629	168.878	1.179.880	464.743	867.187	52.287	140.374
Pontevedra...........	1.066.032	964.759	101.273	19.175	3.296	6.329	8.521	1.006	45.191	3.821	13.934
Rioja (La)............	308.705	285.567	23.138	4.612	1.065	5.104	3.268	1.096	2.865	2.047	2.281
Salamanca............	565.475	478.381	87.094	8.253	7.414	21.097	7.792	1.069	22.018	8.961	10.490
Sta. Cruz de Tenerife.	10.248.616	1.288.403	8.960.213	2.091.729	530.048	484.406	4.183.917	558.304	991.315	76.138	44.356
Santander............	944.394	844.984	99.410	14.472	5.506	9.698	36.660	3.650	9.621	7.304	12.499
Segovia...............	240.858	201.427	39.431	5.369	2.349	10.395	7.422	462	4.294	6.273	2.867
Sevilla................	1.541.399	901.758	639.641	81.304	18.476	98.438	45.503	10.874	145.496	108.829	130.721
Soria..................	170.553	161.528	9.025	1.254	740	2.379	929	63	2.302	691	667
Tarragona............	2.780.005	777.633	2.002.372	502.686	279.486	154.998	933.661	5.290	109.741	8.242	8.268
Teruel................	180.761	169.396	11.365	1.635	1.110	4.021	1.723	220	1.047	986	623
Toledo................	377.424	257.924	119.500	14.195	6.112	26.544	9.661	2.029	28.394	18.717	13.848
Valencia..............	1.366.861	1.062.838	304.023	51.155	13.292	67.115	26.918	5.741	72.412	23.979	43.411
Valladolid............	371.896	311.517	60.379	6.031	3.319	16.673	11.859	478	15.931	2.529	3.559
Vizcaya...............	524.981	439.556	85.431	10.742	6.007	9.757	11.328	4.344	17.926	6.735	18.592
Zamora...............	204.091	188.632	15.459	2.235	1.256	2.796	2.212	294	3.533	1.545	1.588
Zaragoza.............	1.004.905	874.900	130.005	12.915	5.418	24.628	6.052	1.518	35.033	31.641	12.800
Ceuta.................	88.808	72.836	15.972	810	534	2.497	639	180	5.218	371	5.723
Melilla................	116.725	95.778	20.947	2.310	474	3.661	558	133	1.909	806	11.096
Total..............	**129.514.096**	**41.816.369**	**87.697.727**	**23.591.705**	**6.870.291**	**6.202.529**	**33.824.655**	**3.268.049**	**8.655.500**	**1.826.600**	**3.458.398**

FUENTE: Secretaría General de Turismo (Dirección General de Política Turística).

Bibliografía

ALONSO FERNÁNDEZ, J. (1976): «Valoración climática de las costas turísticas españolas». *Boletín de la Real Sociedad Geográfica,* núm. 112. Madrid, págs. 7-20.
Es un análisis comparativo de nuestro litoral, que se presenta dividido en zonas, y sobre las que se relativiza la importancia del clima en la demanda turística. Una parte importante del mismo se dedica a mostrar la correlación que existe entre ciertas condiciones climáticas y la afluencia de turistas a las costas.

BARDÓN FERNÁNDEZ, E. (1987): «El turismo rural en España. Algunas iniciativas públicas». En el núm. 94 de la Revista *Estudios Turísticos.*
Habla de las posibilidades del·turismo rural de cara al futuro, haciendo referencia a la significación de esta modalidad turística en diferentes países europeos y a las actuaciones de algunas Comunidades Autónomas españolas para potenciarlo en nuestro país.

CANTO FRESNO, C. DEL (1983): «Presente y futuro de las residencias secundarias en España». En *Anales de Geografía* de la Universidad Complutense, núm. 3. Madrid, págs. 83-103.
Trata de plantear el futuro de las residencias secundarias en España partiendo de la proyección del auge alcanzado por la misma durante la década de los 70. Su interés turístico radica en la significación de la segunda residencia como fórmula de una práctica familiar de planificación del ocio.

CAZES, G. (1986): *Le Tourisme en France.* Presses Universitaires de France, París.
Pequeña obra de bolsillo editada en la popular colección *Que sais-je?* que da una visión muy geográfica del turismo en Francia, aunque la limitación de espacio consustancial con este tipo de obras propicia demasiados olvidos o faltas. Incluye un análisis de los riesgos del turismo contemplados como problemas económicos y sociopolíticos derivados del mismo.

CONFEDERACIÓN ESPAÑOLA DE CAJAS DE AHORROS (julio-diciembre de 1986): *Comentario sociológico. Estructura Social de España.*
Editado por la Confederación Española de las Cajas de Ahorros. El capítulo VIII engloba un curioso apartado dedicado al turismo. Tiene el interés de servir una referencia compa-

149

rada sobre precios, gastos, porcentaje de personas que vacacionan y otras curiosidades sociales de los diferentes países de la CEE, incluyendo, lógicamente, a España.

CONFEDERACIÓN ESPAÑOLA DE CAJAS DE AHORROS (enero-junio de 1987): *Comentario sociológico. Estructura social de España*, págs.: 1057-1072.
Efectúa una valoración sobre la marcha del sector turístico durante el primer semestre de 1987. Dedica un especial estudio a la rentabilidad, costes e inversiones en los restaurantes españoles. Termina con una breve referencia a las vacaciones de los españoles.

FERNÁNDEZ FUSTER, L. (1971): *Teoría y técnica del turismo.* Editora Nacional, Madrid.
Obra en dos tomos que sigue siendo fundamental para profundizar en el estudio teórico de la fenomenología turística, contemplando la historia, evolución desarrollo de la misma, y analizando los componentes principales del hecho turístico en el momento actual.

FIGUEROLA PALOMO, M. (1985): *Teoría Económica del Turismo.* Alianza Editorial, Madrid.
Analiza las repercusiones económicas del turismo, las técnicas econométricas del mismo y teoriza sobre la planificación turística y el futuro de las políticas económicas.

GARCÍA MANRIQUE, E. y OCAÑA, M. C. (1982): «La organización espacial de la costa mediterránea andaluza». En *Baetica*, núm. 5. Málaga, págs. 15-57.
Se intentan explicar los cambios habidos en un espacio de economía rural tradicional como consecuencia de la introducción de otras formas económicas, en especial el turismo. Se completa el trabajo con ciertas reflexiones sobre el papel que el turismo y la agricultura pueden representar en el desarrollo futuro de la región.

JANÉ SOLÁ, J. (1985): *El turismo en la economía del futuro.* En Turismo: Horizonte 1990.
Veinticinco ensayos de perspectiva. El autor trata de presentar la crisis económica que ha afectado a los países desarrollados a partir de mediados de los 70, como un hito en lo que será el turismo del futuro. Deporte, cultura y turismo van a representar un nuevo papel en la estructura económica de los años venideros. En ese contexto es representado el turismo.

LANQUAR, R. (1985): *Sociologie du Tourisme et des Voyages.* Presses Universitaires de France, París.
Efectúa un análisis perceptual sobre el turismo, presenta brevemente algunos de los más usuales métodos de trabajo en la sociología del turismo, y estudia los efectos socioculturales del mismo, tanto en las áreas de recepción como en las de procedencia de los turistas.

LANQUAR, R. (1986): *Le Tourisme International.* PUF, París.
Presenta una adecuada visión sobre la evolución, los factores y los efectos del turismo practicado a escala mundial. Termina con una conclusión sobre el porvenir del turismo internacional.

LANQUAR, R. y RAYNOUARD, Y. (1986): *Le Tourisme Social.* PUF, París.
Hace una breve historia del turismo social en el mundo, presenta un análisis más detallado de su evolución y desarrollo en Francia y ofrece una perspectiva de las políticas sociales que favorecen la práctica del turismo de masas.

LÓPEZ PALOMEQUE, F. (1984): *Las investigaciones sobre el turismo en España.* Universidad de Barcelona. Sección de Geografía, págs. 474-488.
Es un compendio bibliográfico sobre los más característicos trabajos realizados sobre turismo en España. Está dividida en 4 partes que se refieren, a la importancia del turismo como factor económico, al papel desempeñado por los geógrafos en el estudio del turismo, a las líneas de investigación que considera de mayor interés de cara al futuro, a la bibliografía en sí.

MARCHENA GÓMEZ, M. (1984): «Espacio, ocio y turismo en Andalucía». *Revista de Estudios Andaluces*, núm. 2. Sevilla, págs. 129-148.
Es un estudio que analiza las repercusiones espaciales de la actividad turística en una sociedad tan mediatizada como la andaluza. Habla del papel que ha desempeñado el turismo

en el desarrollo regional y elucubra sobre los niveles que debieran ser considerados en una hipotética planificación regional de las actividades económicas con incidencia en el espacio.

MINISTERIO DE TRANSPORTES, TURISMO Y COMUNICACIONES (1983): *Los transportes, el turismo y las comunicaciones en 1982 y avance de 1983.* Edita la Secretaría General Técnica del Ministerio.
Hace un recorrido técnico por el sector y analiza la situación del turismo internacional y su previsible incidencia en el mercado español al filo de 1983.

OMT (19861, 1): *Compendio de Estadísticas del Turismo.* Organización Mundial del Turismo, Madrid.
Ofrece una elemental estadística de base sobre el turismo mundial, país por país, en relación a estas componentes: movimientos, medio de transporte utilizado, motivaciones del hecho turístico, volumen de la oferta medida en plazas de alojamiento, e ingresos y gastos turísticos. En algunos casos, las estadísticas presentadas no son homologables, por lo que existe una profusión de notas que trata de poner un poco de orden en ese galimatías.

OMT (1986, 2): *Anuario de Estadísticas del Turismo.* Organización Mundial del Turismo, Madrid.
Publicación trilingüe (francés, inglés y español), en dos volúmenes, que ofrece detallada información estadística sobre el turismo mundial, a escala regional y nacional; incluye datos de la oferta y de la demanda tanto de turismo nacional como de turismo exterior, significando las diferencias entre turistas, excursionistas y pasajeros de crucero. Analiza también el aspecto de la estacionalidad.

OMT (1986, 3): *Perfiles Turísticos por Países.* Organización Mundial del Turismo, Madrid.
Es una especie de resumen, a escala nacional, de informaciones cuantitativas y cualitativas de los principales aspectos de la actividad turística de cada uno de los 154 países y territorios que se incluyen en el informe. Entre los aspectos que se resaltan se hace un reflejo de las recientes tendencias de los viajes y del turismo, de los acuerdos bilaterales y multilaterales en materia turística, de la legislación sobre vacaciones pagadas, de estudios y encuestas sobre turismo, de los proyectos de desarrollo turístico, e incluso de las oficinas de representación turística de cada uno de esos países en el extranjero.

SALVÁ TOMÁS, P. A. (1985): «Turisme i canvi a l'espai de les Illes Balears». *Treballs de la Societat Catalana de Geografia,* núm. 2. Barcelona, págs. 17-32.
Analiza los cambios espaciales que ha provocado el turismo en las Baleares, señalando las diferencias de esta dependencia estructural en cada una de las islas. Eleva unas conclusiones en las que señala algunas de las ventajas e inconvenientes derivados del turismo.

TAMAMES, R. (1977): *Estructura económica de España.* Biblioteca Universitaria Guadiana. Madrid-Barcelona.
La tercera parte de esta obra se dedica al sector servicios y el capítulo XXIII está dedicado al turismo. Da una visión social y economicista del turismo contemplado desde la perspectiva de mediados de la década de los 70; su valor es muy relativo para profundizar en los aspectos específicos de este trabajo.

UNESCO (1987): *Guía del Patrimonio Mundial.* Incafo, Madrid.
Es un informe documentado con mapas y bellas fotografías de los principales «Sitios del Patrimonio Mundial», que constituyen una verdadera guía turística de monumentos, ciudades y parajes insólitos. Está ordenada por continentes y por países dentro de cada continente.

VALENZUELA RUBIO, M. (1984): «El uso recreativo de los espacios naturales de calidad (una reflexión sobre el caso español)». En *Estudios Turísticos,* núm. 82. Madrid, págs. 3-14.
Considera los espacios naturales como generadores de actividades recreativas y analiza la política recreativa, de carácter institucional, desarrollada por ICONA desde 1972 y las con-

secuencias derivadas de la misma. El autor se muestra partidario de la creación de espacios libres en torno a las ciudades para que puedan cumplir una función recreativa estrechamente emparentada con la ocupación saludable del tiempo de ocio de los ciudadanos.

VILA VALENTÍ, J. (1962): «El valor económico del turismo en España». En *Estudios Geográficos,* t. XXIII, núm. 87. Madrid, págs. 293-297.

Tiene el interés de haber sido un estudio pionero que supo intuir la influencia futura que el turismo tendría en la economía española. Analiza brevemente el peso del turismo extranjero y el impacto económico del mismo sobre la balanza de pagos. Hace también una referencia a la importancia social del fenómeno.